별이 된

보라매

심정민 소령
추모도서

차례

목소리

위의 QR코드를 통해 조카 시환이와 대화를
나누는 고 심정민 소령의 생전 육성을 들을 수
있다.

외삼촌 안녕하세요.

　　시환이 안녕. 밥 먹었나?

네.

　　뭐 먹었어?

치킨 먹었어요.

　　일요일 저녁이라. 알았어.

어떤 일을 하시나요? 하시는 일에 대해 설명해 주세요.

　　저는 공군 전투기 조종사고요. 수도권 영공 방위를
　　위해서 국방의 의무를 이행하고 있습니다.

가장 보람을 느끼실 때는 언제인가요?

　　항상 비행을 마치면 보람을 느끼지만, 성공적으로
　　임무를 마쳤을 때. 더 기분 좋을 때는, 날씨 좋은 날
　　비행을 할 때 가장 기분이 좋습니다.

힘든 점은 어떤 것들이 있으신가요?

　　영공 방위라는 게 항상, 평상시에 매일 하는
　　거지만은 이게 표면적으로 결과가 드러나지 않기
　　때문에 어떤 구체적인 성취감이나 이런 동기부여가
　　부족할 때가 많습니다. 근데 매일매일 또 노력을
　　하다 보면 하루가 가고 한 달이 가고 일 년이 지나고
　　나면 또 이렇게 우리가 최선의 역할을 다했구나
　　생각을…

전투기 기종이 뭔가요?

KF-5입니다.

전투기 (가격이) 얼마씩 하나요?

가격요? 자동차도 종류마다 다른데, 사실 전투기를
가격으로 매기기는 좀 애매하지만, 제가 타는
(기종을) 환산하자면 노후화돼서 이제 한 10억에서
20억 원 되는 거 같고, 저희 주력 전투기 같은
경우에는 100억에서 200억 원, 그리고 한 1천억 원
하는 새로 도입되는 비행기도 있습니다.

전투기의 최고 속력은 얼마나 되나요?

최고 속력요? 계산을 잠깐 해봐도 될까요? 마하
1.5⋯. 종마다 다르고 마하 1에서 1.5 정도 되는
것 같습니다. 그런데 음속을 넘어가게 되면 소음
때문에 음속 돌파는 웬만하면 하지 않고 있습니다.

우리나라 하늘을 지켜주셔서 감사합니다.

시환이도 열심히 공부하고. 운동 열심히 하고
친구들이랑 사이좋게 지내고.

네.

글. 김현호(계간《보보담》편집장, 이화여대
겸임교수)

공군사관학교 상공을 비행하는 KF-5E 전투기
제공. 공군사관학교

2022년 1월 11일, 공군 제10전투비행단 소속 전투기 KF-5E 한 대가 훈련을 위해 수원 공군기지에서 이륙했다. 하늘은 맑고 바람이 차가운 날이었다. 조종사는 능숙하게 왼쪽으로 선회하며 기체의 고도를 높였다.

비행기의 양쪽 엔진에 화재 경고등이 켜진 것은 이륙 후 불과 54초만에 벌어진 일이었다. 긴급 착륙을 위해 다시 기지로 선회하려 했지만, 조종계통 결함이 추가로 발생해 항공기의 기수가 급강하하기 시작했다. 하지만 조종사는 당황하지 않고 관제탑과 교신하며 상황을 보고했고, 이윽고 두 차례 '이젝트(eject; 탈출)'를 외치며 비상탈출을 선언했다.

조종사가 비상탈출 레버를 당기는 순간, 캐노피는 기체에서 분리되고 조종석은 통째로 솟구쳐 항공기로부터 이탈한다. 이윽고 사출된 좌석에서 조종사는 분리되어 안전한 고도에서 낙하산이 펴진다. 그가 레버를 당기기만 한다면, 이 모든 것들이 자동으로 이루어진다.

그러나 블랙박스의 기록에 따르면 조종사는 레버를 당기지 않고 조종간을 붙잡은 채 거친 숨을 몰아쉬며 견딘다. 만약 그가 탈출할 마음을 먹었다면 불과 일이 초 안에, 곧 파국을 맞을 전투기 밖으로 나갈 수 있다. 오늘날의 전투기 비상탈출 장치는 고도 0, 속도 0인 상태에서도 조종사를 띄워올려 낙하산으로 안전하게 착지할 수 있도록 고안되어 있다. 물론 저고도 비행의 특성상 상황에 따라 부상을 입거나 위험에 직면할 수도 있지만 레버를 당기지 않고 버티는 것과는 그 위험성을 차마 비교할 수조차 없다.

하지만 조종사는 끝까지 비상탈출 레버를 당기지 않는다. 비상탈출을 선언한 후 그에게 주어진 시간은 불과

고 심정민 소령이 탄 KF-5E 항공기가 추락한
경기 화성시 정남면 관항리 태봉산 일원에서
현장을 살펴보는 군 관계자들

십여 초에 지나지 않았다. 하지만 숙련된 조종사라면 누구나 최소 두 번의 탈출 기회가 있다는 것을 안다. 더군다나 동기생들 중에서도 가장 운동신경이 좋고 조종 능력이 탁월하다는 평을 받는 그였다. 하지만 조종사는 탈출하지 않는다. 화재로 인해 조종 계통이 손상되어 상하 기동은 이미 불가능해진 상태인 전투기는 속수무책으로 빙빙 회전하기만 한다. 하지만 그는 포기하지 않고 안간힘을 다해 기수를 좌우로 뒤틀며 비행기를 어딘가로 이끈다.

   잠시 후, 기지 서쪽 8㎞ 부근 화성시 정남면 관항리의 야산에 KF-5E는 추락했다. 폭발물이 실려 있지는 않았지만 전투기의 잔여 연료로 인해 크고 작은 폭발이 여러 차례 일어났고, 주변의 숲에 불이 옮겨붙어 타올랐다. 소방당국은 헬기 등을 투입해 두 시간여 끝의 진화 작업을 펼쳤다. 이후 수색 작업을 거친 끝에 젊은 조종사의 시신이 발견되었다.

   전투기가 날아가던 방향에는 대학교 캠퍼스와 아파트를 비롯한 다수의 민가가 있었다. 최종 추락 지점은 민가로부터 백 미터밖에 떨어지지 않은 곳이었다. 공군 사고조사단은 블랙박스 기록을 분석한 결과 조종사가 탈출했다면 전투기는 민가에 '거의 확실하게' 떨어졌을 것이라 발표했다. 조사단은 고인은 끝까지 민가를 피해 비행기를 조종했다고, 마지막까지 비상탈출을 시도하지 않았다고 덧붙였다.

   1.
고인의 이름은 심정민, 고작 스물아홉 살이었다. 대구에서 태어나 초등학교와 중학교, 고등학교를 모두 그곳에서

생전의 심정민 소령의 모습

다녔다. 공군사관학교를 졸업하고 2016년 공군 소위로 임관하여 사고 당시에는 제10전투비행단 소속 전투비행사로 복무 중이었다. 사고 당시의 직급은 대위였고, 순직 이후 1계급 특진하여 소령으로 추서되었다.

자신의 목숨을 바쳐 다른 이들의 생명을 구한 이를 우리는 '영웅', 혹은 '위인'이라 부른다. 나이의 많고 적음이나 지위의 높고 낮음과는 무관하게도, 그들은 세속을 살아가는 우리와는 이미 전혀 다른 세계에 속해 있다. 우리 중 가장 나이가 많고 지혜로운 이라 하더라도 그들에게 옷깃을 여미고 경의를 표해야 하는 것은 마땅한 일이다.

하지만 영웅이나 위인이 되지 않을 수 있었다면 더욱 좋았을 것이다. 여느 영웅들처럼 심정민 소령 역시 누군가의 사랑하는 아들이자, 동생이며, 남편이었다. 노래부르기를 좋아하고 축구를 잘 했으며, 성격이 밝아서 주변에는 언제나 친구들이 많았다. 사관학교의 후배들에게는 엄격한 선배였고, '평생 전투기 조종사로 살고 싶다'고 말하던 사명감 강한 군인이었다.

그런 이가 오래도록 하늘을 날며 우리를 지켜주었다면 참 좋았을 것이다. 젊은 조종사의 앳된 얼굴에는 어느새 부드러운 주름이 내리고, 귀밑머리가 희끗희끗해진 베테랑이 되어서도 그는 작전 사이렌을 들으면 자신이 사랑하는 전투기를 향해 망설임 없이 달려갔을 것이다. 비번인 날에는 가족과 친구들과 함께 밥을 먹고 노래방을 가고, 휴가를 얻어 여행을 가거나 축구를 하고, 더 나이가 들어서는 안락의자에 앉아 젊은 시절의 무용담을 끝없이 늘어놓는 수다스러운 노인이 되었더라면 참 좋았을 것이다.

2022년 1월 14일에 치러진 심정민 소령의
영결식

하지만 그의 양심과 긍지가 다른 길을 택하였으므로, 고인은 이제 우리 생활인들의 시간에서 역사라는 공간으로 그 자리를 옮겨 앉는 중이다. 하지만 그가 우리로부터 영원히 떠나가는 것은 아니며, 사람이 반드시 빈손으로 왔다가 빈손으로 가는 것도 아니다. 영원에 속한 어떤 이들은 싱그러운 웃음을 지은 채로 우리에게 온갖 값지고 아름다운 것을 가져다준다. 그런 이들의 단단한 마음은 올곧은 심지가 되어 이 세계가 함부로 부패하거나 녹아내리지 않도록 붙잡고 지탱한다.

2.

2022년 1월 14일, 심정민 소령의 영결식이 수원의 제10전투비행단에서 열렸다. 매섭고 차가운 바람이 살을 에어오는 듯했다. 영결식은 유족과 동료 조종사, 부대 장병들이 참석한 채 부대장으로 치루어졌다. 대통령을 비롯한 각계 인사들의 화환과 영결식장에 가득 놓인 흰 국화꽃 사이로 고인의 생전 사진이 크게 인화되어 놓여 있었다.

심정민 소령은 생전에 이 전투비행단의 조종사로서 수도권과 서북부의 하늘을 지켰다. 그가 타던 KF-5E는 구형으로 최신 전자장비가 거의 탑재되어 있지 않았고, 비상 상황이 발생하면 3분 내에 이륙할 수 있었다. 비록 1960년대부터 도입된 낡고 오래된 기종이었지만 대한민국 공군에서 운용하는 전투기 중 가장 빠르게 출격할 수 있었기에, KF-5E의 조종사들은 유사시에 가장 먼저 위협을 막아내는 역할을 맡고 있다.

고인의 모교인 대구 능인고등학교에 세워진 흉상

그러므로 고인을 비롯한 제10전투비행단의 조종사들은 강인한 체력과 집중력, 그리고 높은 수준의 지식을 유지해야 했다. 그들은 여러 환경에서 다양한 전투를 가정한 훈련을 받았으며, 비행 시의 중력가속도를 버텨내고 밤낮으로 비상대기 임무를 상시적으로 수행할 수 있는 역량을 지닌 엘리트 파일럿들이었다.

공군 사고조사단은 사고의 원인을 연료 도관에 머리카락만큼 가는 균열이 두 곳 발생해서 연료가 분출되어 불이 붙어 수평꼬리날개 조종이 불가능했기 때문이라고 발표했다. 그러나 정비는 매뉴얼대로 이루어졌고, 해당 부품의 정비 기한은 아직 도래하지 않은 상태였다. 물론 정비 계통에 있는 이들의 실수나 잘못도 아니었다. 제10전투비행단의 정비사들은 자발적으로 점검 항목을 추가하고 점검 절차를 보완하는 등 성심껏 비행기를 정비한다. 그들은 아기 어루만지듯 기체를 일일이 손으로 닦으며 엔진 속에 몸을 밀어넣고 미세한 결함을 찾아내려 노력한다. 모든 정비사들은 이륙하기 직전 마지막에 자신이 정비한 비행기의 안전 비행을 기원하며 일종의 '루틴'을 반복한다고 했다. 반드시 기체 뒤에 서서 전체 모습을 훑어보는 정비사도 있고, 양쪽 날개 전체를 손가락으로 훑는 정비사도 있다. 비행기가 제발 사고 없이 무사히 귀환하기를 바라면서.[1]

다만 분명한 것은 언론에 의해 여러 번 지적되었듯이, 장기간 운용되어 온 항공기인 F-5가 노후화에 따른 결함을 지니고 있다는 점이다. 2016년까지 F-5를 탔던 파일럿이자 40여 년간 공군에서 복무한 예비역 준장 백윤형은 방송

---

1. 「Fight First, Fight to Win 공군 제10전투비행단 101전투비행대대」, 《월간항공》, 2021. 9.
「55년 임무 끝내는 '도깨비' 팬텀…1호 조종사는 눈물 흘렸다」, 《중앙일보》, 2024. 6. 7.

심정민 소령의 영결식 장면

프로그램에서 이미 부품마저 상당수 단종된 상황에서 도태된 비행기의 부품을 뜯어 비파괴검사를 진행하고 정비에 활용하는 우리 정비사들이 대단하다고 말하기도 했다.[2] 한때는 공군의 자랑이었던 F-5는 전투기 설계수명을 이미 넘겼고, '자동차로 치면 포니2 정도의' 노후 항공기가 되었다. 2000년 이후 순직한 F-5 조종사는 무려 열네 명이나 된다.

3.

꽃으로 장식된 대형 영정 사진 속에 있는 심정민 소령의 뺨은 붉었고, 여전히 조금은 앳되어 보였다. 영결식장은 자연스럽게 울음바다가 되었다. 유족들은 몸을 가누지 못한 채로 제복을 입은 이들의 부축을 받고 서로 기대며 영결식의 시간을 견뎠다. 아무도 잘못한 이가 없었으므로, 이 상황을 온전히 납득하는 이들도 적었다. 영결식장에 넘실거리던 슬픔과 애도의 물결이 사랑하는 이를 잃은 상실감을 온전히 감싸안아 달래 주지는 못했을 것이다. 그럼에도 그곳에서 고인을 기리던 이들의 무거운 말을 몇 마디 옮긴다.

> 고인은 아끼고 사랑하던 전투기와 함께 무사귀환이라는 마지막 임무를 뒤로 한 채 조국의 푸른 하늘을 지키는 별이 되고 말았습니다. 저는 가슴 속 깊이 저며오는 슬픔과 함께, 고인의 지휘관이기 이전에 선배 군인이자 전투조종사의 한 사람으로서, 살신성인의 자세로 위국헌신 군인본분의 정신을 몸소 보여준 고 심정민 소령에게 존경의 마음을 바칩니다.
> —박대준 (준장, 제10전투비행단장)

---

2. 「목숨 건 비행 훈련 하라고요? 옛날 전투기 F-5가
상공에 버티는 이유」, 〈SBS 뉴스〉, 2022. 4. 15.

대전 국립현충원에 안장된 심정민 소령의 묘역,
꽃으로 장식되어 있다

24

우리 중 너의 밝고 따뜻한 말 한마디에 위로받지 않은 사람이 있을까. 끝까지 조종간을 놓지 않은 너처럼, 우리도 너의 남은 몫까지 다하도록 할게. 눈물을 주체할 수 없을 것 같아서 이름도 못 불렀는데 이제야 제대로 이름을 불러 본다. 내 동기, 내 친구, 정민아 사랑한다.

—김상래(대위, 공군사관학교 동기회장)

그리고 영결식을 중계한 뉴스에는 이런 덧글이 달렸다.

전투기가 떨어진 야산은 저희 가족의 집 뒤에 있는 곳이었습니다. 심소령님의 살신성인이 아니었다면…너무 미안하고 감사해서 눈물이 납니다. 고맙습니다… 미안합니다…삼가 고인의 명복을 빕니다.

F-5 전투기가 추락했던 야산 바로 옆에 자리한 교회의 목사 부부는 비행기가 교회를 '거의 비껴가듯이' 지나갔다고 말하며 고개를 숙였다. 자신들의 아들뻘인 심정민 소령의 결단으로 인해 여러 사람들이 생명을 건졌다고도 했다. 그들은 청소를 하다가 발견한 작은 파편과 꽃을 놓고 매일매일 고인을 위해 기도를 드린다.[3]

얼굴도 이름도 모르는 이들을 위해 망설임 없이 자신의 생명을 바칠 수 있는 인간은 대체 얼마나 위대한 존재인 것일까? 우리 필멸자들로서는 도저히 상상하기조차 어렵다. 하지만 책을 준비하면서 고인의 희생은 고귀하지만 그 가치가 지나치게 강조되어서는 안 된다는 조심스러운 이야기를 들었다. 주로 심정민 소령의 동료와 선배들이 고인에 대한 존경심을 가감 없이 표시하면서 했던 말이었다. 그 중에는

---

3. 「관항리 하늘의 별이 된 젊은이」, 《MBN 강석우의 종점여행》, 2022. 11. 13.

친구들과 함께한 심정민 소령의 생도 시절
모습(뒷줄 맨 오른쪽)

자신의 후배들이 '무조건' 살아 돌아오면 좋겠다는 말을
한 이도 있었다. 이기적인 말이지만…이라며 그는 말끝을
흐렸다.

　　이 책은 고 심정민 소령의 의로운 죽음과 귀한 뜻을
추모하기 위해 만들어졌다. 하지만 고인의 위대함을 거듭
칭송하기보다는 그의 소중한 기억을 담아내는 데 초점을
맞춘다. 고인을 사랑하는 가족과 친구들의 책장에, 그리고
사관학교와 각급 군대의 서가에 이 책이 조용히 놓이기를
바란다. 그리고 언젠가 이 책을 읽는 이들이 우리와 같은 한
인간이 지닐 수 있는 의로움과 용기에 대해 오롯이 생각하는
시간을 지닐 수 있다면 적잖이 기쁘겠다.

3

**이
야
기**

고인을 사랑했던 이들의 이야기와 생전의 기억을
담아 묶는다.

항상 배려하는 자랑스러운 아들

아버지 심길태

고인은 아버님께 어떤 아들이었나요?

늦둥이었지만 떼를 쓰거나 어리광을 부린 적 없는
아들이었습니다. 사춘기를 지나면서도 어긋난 적이 없고,
항상 밝았고요. 키는 작지만 카리스마도 있고 리더십이
있어서 아빠로서는 흐뭇했지요. 성격도 좋았고 대찬
리더십도 있었고요. 막내지만 의지가 되는 아들이었어요.

철이 빨리 든 막내아들이었군요.

네, 사실 사관학교를 가게 된 것도 가정 형편이 어려워지다
보니 그렇게 결단한 것도 있을 거예요. 물론 자신이
스스로 선택을 했고, 정민이가 항상 옳은 선택을 했기
때문에 반대할 이유도 없었지요. 신앙과 믿음이 깊었고요.
훈련받으면서 힘들다는 소리를 한번도 안 했어요.
반듯하게 커온 아들이라 우리 가정의 희망이기도 했어요.
그런데 어느날 갑자기 그렇게 되어버리니까, 말로 표현을
못 하죠.

아드님과의 소중했던 기억 몇 가지를 말씀해 주세요.

이야기를 할 때면 아빠의 자존심을 많이 생각해 줬었어요.
잘못 말하면 제가 마음 상할까봐 다 들어주면서 아빠 혹시
이렇게 해보면 어떻겠나, 하는 식으로 말하는 아들이었죠.
그래서 한참 어린 막내아들인데도 인격적으로 더 성숙한
느낌이 들고 그랬어요. 사춘기도 표시 안 내고 떼도 안
쓰고 해서 흠이 하나도 없었어요.

장난기도 많았던 것 같은데요.

네, 가족끼리 경주 보문단지에 놀러 갔었어요. 그때
정민이가 네 살이나 됐을까. 그런데 아이가 뛰어 노는데
아주 빨랐어요. 애들이 뛰어 놀면 빨리 잡아서 좀
안정을 시키고 싶은데, 도저히 잡히지 않을 정도로
빨라서 잊히지가 않아요. 제가 둔한 편도 아니고 운동도
좋아하는데. 그래서 이 아이는 조금 다른 것 같다는
생각을 했어요. 사고 났을 때도 동기들이 조종사가
누구냐고 서로 묻다가 심정민이라고 하니 '정민이라면
탈출했다, 걱정말자'고 했다는 말을 들었어요. 운동
신경이 뛰어나서…

그런 아들이 공군 조종사라는 공적인 직업을 지니게 되니,
어떠셨어요?

우리 아들이 진짜 군인이라는 생각이 들었던 적이
있어요. 전쟁이 나면 가장 빨리 이륙해서 적을 저지하면서
후방의 전투기가 이륙할 시간을 벌어준다는 식의 말을
했었고, 언제든지 희생할 각오가 되어 있다고 했어요.
부모 입장에서는 인간적으로 섭섭했죠. 또 그런 일은
안 일어나길 바랐죠. 하지만 정신이 대단하다고 생각은
했었어요. 뿌듯하기도 했고. 그런데…

아드님이 어떤 사람으로 기억되면 좋을까요?

남을 배려하는 겸손한 사람이죠. 정민이는 항상 남을
배려했어요. 아무래도 사람이니까 후방에서 이륙하는

신형 비행기를 타고 싶었을 텐데, 그걸 양보하고 F-5를 선택했다는 것 자체가 그랬죠. 서운했지만 항상 올바른 선택을 하는 아들이었기 때문에 믿었죠. 그리고 이런 이야기를 한 적이 있어요. 아빠, 제가 잘나서 비행기 타는 게 아닙니다. 저 한 사람 태우기 위해서 정비사님들을 비롯해서 수많은 분들이 노력하고 헌신하십니다. 그래서 항상 비행기 타기 전에 그분들에게 감사드리고 탑니다.

그런 말을 실제로 할 수 있는 청년이라니…

한번은 이런 말도 했어요. 아빠 엄마, 저 말고도 매형 두 분 계시니까 혹시 제가 불효를 하게 되더라도 너무 서운해하지 마세요. 그때는 그게 무슨 말인지 잘 몰랐거든요. 사람 살다 보면 좀 신경 거슬리는 소리를 하더라도 그냥 받아넘기잖아요. 그때는 그냥 매형들을 아들로 여기라는 말로 여겼는데, 정민이는 벌써 다 생각했던 것 같아요. 자기가 혹시라도 어떻게 될 지 모른다고 느꼈고, 항상 주변 사람들을 더 많이 사랑하려 했던 것 같아요.

너무 일찍 철이 들었던 아들

어머니 최원숙

고인은 어머님께 어떤 아들이었나요?

서른일곱에 낳았어요. 늦둥이라서 사진도 많이 찍어뒀고,
사랑도 많이 줬었어요. 아이가 워낙 반듯하게 컸고
친구들을 좋아했어요. 그래서 밖에서 뛰어노는 시간이
더 많았어요. 친구들 관계도 원만했고, 좀 의리파였어요.
사관학교 친구들도 집에 많이 데리고 왔었고요. 갑자기
전화 해서 엄마 두 명 데리고 갑니다, 세 명 데리고 갑니다.
부담 갖지 마세요. 그러곤 했어요. 잘 지내고 있는 것
같아서 너무 감사했지요.

저 같은 사람에게 고인은 위인이지만, 어머님께는 일찍 철이 든
막내셨겠네요.

정민이는 너무 일찍 철이 들었어요. 초등학교 때 아빠가
일 때문에 힘들어하는 걸 알고 건강이 더 중요하다고
아빠에게 편지도 썼어요. 내색 안 하려 했는데도 그 어린
나이에 벌써 눈치로 그걸 다 읽었더라고요. 그래서 너무
미안하고…그래서 힘든 중에도 아이들 반듯하게 키우려고
제가 자리를 잘 지켰는데…

네, 부모님 덕택에 정말로 반듯하게 잘 자라난 것 같아요.

오늘도 정민이 친구들이 공휴일이라 현충원에 갔다고
사진을 찍어서 보내 왔더라고요. 저는 늘 남편보다도
정민이를 더 의지하고 살았어요. 정민이가 엄마 일 좀
적게 하라고 하면 정민아 엄마는 일하는 게 너무 즐겁다고
했어요. 더 많은 사랑을 주지 못해서 너무 미안해요.

아드님이 어떤 사람으로 기억되기를 바라시나요?

자존감이 강하고 사랑이 많았던 아들⋯늘 퇴근할 시간이
되면 저한테 전화를 해서 엄마 어디야 묻고⋯그 시간만
되면 정민이 목소리가 떠올라서 너무 힘들었어요. 정민이
덕분에 많은 사랑을 알게 됐고, 너무 많은 걸 받았어요.
너무 많은 선물을 주고 갔어요.

워낙 좋은 부모님이셔서, 고인이 그런 분으로 성장하셨던 것 같아요.

정민이와 너무 빨리 헤어졌어요. 우리 곁에서 많은 추억
쌓으면서 오래오래 행복하게 살았으면 좋았을 텐데,
너무나 애통하고 가슴이 찢어집니다. 그래도 제가 교회를
다니고 하나님을 의지하니까, 천국에 가면 영원히 함께할
수 있다는 소망 하나 가지고, 또 정민이가 우리 가족들이
잘 살아내는 걸 원하니까 하루하루 잘 견디며 살아내려
애쓰고 있어요.

하루하루 최선을 다했던 나의 동생

큰누나 심정희

안녕하세요. 먼저 누님께 고인이 어떤 동생이었는지 여쭐게요.

저희 집의 귀한 막둥이였죠. 늦둥이로 태어난, 소중한
아들이자 동생이었고요. 저희 가족에게 정민이는 너무나
큰 기쁨이자 선물 같은 존재였어요.

지금 생각해 보면 정민이가 어릴 때부터 뭔가 문제를
일으킨다거나, 하다못해 누나들한테 대든다거나 하는
일도 없었어요. 오히려 제가 두 살 터울의 둘째 동생과
다투고 있으면 누나들 사이에서 중재를 하기도 하는, 좀
이상한 말이지만 약간 오빠 같은 막냇동생이었어요.

일반적인 막내들이랑은 좀 달랐나 보네요.

네. 제가 대학에 들어가고, 둘째 은정이가 고등학생이었을
때 정민이는 초등학생이었어요. 하지만 셋이 모여서 고민
이야기를 하다 보면 대화가 되는 동생이었어요. 지금
생각하면 좀 부끄럽지만, 누나 직장 생활이 너무 힘들어
정민아, 이렇게 이야기를 하면 정민이가 누나 직장생활이
어렵지 않은 사람이 어디 있어 하는 말을 했었어요.
누나가 그렇게 가고 싶어 했던 직장인데 불평불만을 하면
어떡하냐고 하기도 했어요. 고등학생이던 동생한테 그런
말을 들으니 뒤통수를 맞은 것 같았어요.

조숙하고, 강인하고…그런 동생이네요.

동생이 나이에 맞지 않게 좀 듬직해서, 저와 은정이가
동생에게 많이 기댔어요. 그런데 반대로 이제 와서 생각해
보니 오히려 미안해요.

그런 동생과 함께 시간을 보낼 때는 뭘 하셨나요?

음악 듣는 취향이 비슷했어요. 나얼이나 브라운아이드
소울 같은 음악. 저는 지오디를 좋아했는데 정민이 나이
또래들은 지오디를 어렴풋이 알지만 좋아하지는 않죠.
그런데 제가 좋아하는 지오디 노래를 동생에게 권해주면
정민이가 누나 이거 너무 좋아, 하면서 듣기도 하고 자기가
좋아하는 노래를 누나 이거 들어 봤어? 하면서 권하기도
했어요. 정민이가 음악을 정말로 좋아했는데, 저랑 어릴
때부터 나눴던 음악에 대한 이야기들이 지금은 더 많이
생각나기도 해요.

고인을 알던 분들을 만나면 모두가 노래와 축구 이야기를 하더라고요.

정민이는 축구 선수를 하고 싶어서 초·중·고등학교 때
실제로 테스트를 보고 동계 전지훈련까지 다녀왔었어요.
축구 코치께서 학교 성적이 좋으니 공부를 하라고
권유하셨고, 결국 공부를 선택했지만 축구를 놓지 않았죠.

친구분 중 하나가 평소에는 고인이 장난도 잘 치고 부드러운
분이었는데 축구를 할 때마다 너무 진지했다고 하더라고요. 대충
뛰면 굉장히 크게 화를 냈다고.

맞아요. 애들이 무서워할 정도로 축구에 진심이었어요.
정민이 방에도 축구에 대한 것들이 정말 많잖아요.
음악 좋아하고 축구 좋아하고, 친구 좋아하고, 너무나
귀하고 사랑스러운 저희 집의 자랑 같은 동생이에요.
지금도.

그렇군요. 동생과의 기억에 남는 에피소드가 있다면 말씀해 주세요.

저희 집이 방 세 칸이었어요. 방 하나는 부모님이 쓰시고,
제가 첫째니까 제 방은 있어야 하고, 은정이랑 정민이가
방을 나눠서 쓰자고 했었어요. 그게 불편하니까 거실에
정민이 책상을 두고 공부하게 하자고 했는데, 정민이가
군소리 하나 없었어요. 그러다 제가 대학 졸업하고 직장
생활을 한다고 서울에 가니까 정민이 방이 생긴 거죠.
그때 정민이가 너무너무 좋아했던 게 기억에 남아요.
그렇게 기뻐했던 표정이.

누나들 둘이 쓰고 내가 혼자 쓰겠다고 우겨볼 만도 했을 텐데요.

정민이가 이제 저희 곁에 없으니까 이런 생각들을 오히려
더 곱씹게 되고 많이 하게 되는 것 같아요. 그러면서 알게
되는 것 같아요. 그때 정민이가 진짜 방을 가지고 싶었을
텐데, 하는 것. 아, 정민이가 진짜 착했구나, 많이 착했구나
하는 거.

어쩌면 과묵해서 그랬던 건 아닐까요? 에이 그까짓 거…하면서.

네, 완전 경상도 남자죠. 저희가 정민이한테 엄마아빠
안아드리라고 해도 나무처럼 뻣뻣하게 서 있곤 했죠. 표현을
잘 못 하는 동생이기도 했어요. 공군사관학교에 입학할 때
제가 선물을 하나 해주고 싶었어요. 그래서 뭘 갖고 싶니,
했더니 군대에 들어가니까 뭐든 필요 없다고 하다가 결국
시계가 필요하다고 했어요. 그래서 백화점에 데려갔더니 군용
시계 코너에서 엄청 진지하게 고민을 한참 하면서 골랐던

게 기억에 남아요. 그때는 태연하게 누나 고마워, 하면서 가져가더라고요. 그런데 나중에 제 생일에 동생 SNS를 보니까 제가 사준 시계를 사진 찍어서 올려두고 누나한테 너무 고마웠고, 지금도 비행을 할 때 그 시계를 항상 끼고 한다고 하더라고요.

지금 그 시계를 가지고 계신가요?

아뇨, 같이 하늘나라에 갔어요. 다른 시계가 있을 수도 있는데 정민이가 너무 이 시계가 좋고, 누나 생일 선물이라 고맙다는 말을 하고 싶다고 써뒀더라고요. 하지만 평소에는 말로 표현을 안 해요. 하지만 조카들을 정말 예뻐했고 축구도 가르쳐 주고 축구화도 사주곤 했어요. 조카들한테는 엄청 정이 많았어요. 그래서 아이들에게 사고에 대해서 처음부터 이야기를 하지는 못했어요. 저도 제 입으로 정민이가 없다는 걸 말하고 싶지도 않았고요.

혹시 고인의 단점은 없었나요? 누님만 말씀하실 수 있을 거 같아서요.

무뚝뚝한 거, 진짜로 무뚝뚝했어요. 정말 군인 같은 아이였어요.

왜 그렇게 일찍 철이 들었을까요?

여러 가지 이유가 있었겠지요. 동생이 막둥이로 자랐지만 엄마아빠가 맞벌이셨고, 누나들과도 나이 터울이 있으니까 혼자 있는 시간이 많았던 것 같아요. 엄마가 점심 저녁 차려두면 먹고 친구들이랑 나가서 축구하고 오고 그런

시간이 길었죠. 또 저희 엄마가 막내라고 해서 막 오냐오냐
키우지는 않으셨어요. 엄청 예뻐했지만 자기 할 일은
알아서 직접 하게 하셨죠. 하지만 저희도 좀 신기해요. 지금
생각하면 겉으로는 철이 들고 어른스럽게 행동을 했지만
정민이 속마음은 어땠을까 하는 생각이 자주 들어요.

고인이 어떻게 기억되기를 바라시나요?

하루하루를 최선을 다해 살았던 사람으로요. 자기 일에
정말 진심으로 최선을 다했던 아이였고, 자신의 삶을 정말
소중하게 생각했고, 그 삶에 대해서 다른 사람들에게
부끄럽지 않게 살았던 아이로요. 그런 아이가 그 순간에
다른 사람의 삶과 목숨을 더 소중하게 여기고 선택을 내린
거고요. 그러니까 다른 사람들의 삶도 사랑하고, 정말 마음이
따뜻하고 정이 많은 멋진 사람으로 오래오래 기억되면
좋겠어요.

네, 그랬으면 좋겠습니다. 혹시 더 하시고 싶은 말씀이 있으신가요?

정민이 친구들을 보면 너무나 소중하고 귀한 청년들이에요.
저는 이런 말도 안 되는 슬픈 일은 정민이로 끝났으면
좋겠어요. 잠깐 이슈가 되고 또 잊히고 그러는 게 아니라,
현실적으로 좀 해결이 될 수 있다면 좋겠어요. 그래야
하늘나라에 가서 동생 만나면 할 이야기가 있을 거 같아요.

친구처럼 서로를 아낀 나의 동생

작은누나 심은정

고인은 누님께 어떤 동생이었나요?

정민이는 저랑 일곱 살 터울이 났어요. 하지만 어릴 때는
제가 동생의 존재를 질투했던 것 같아요. 아들이라서
더 사랑받는 것 같기도 하고 해서. 그러다 보니 동생을
미워했을 수도 있는데, 동생은 저를 미워하거나 그런
내색을 한 적은 없었어요. 오히려 제가 고민을 하거나
질문하면 제게 항상 지혜롭게 답을 해줬던 것 같아요.

두 분은 이야기를 그래도 많이 했던 모양이에요.

아뇨. 동생이 워낙 보수적이고 과묵해서요. 사실 이제와
생각해 보면 동생은 본인 속내 이야기를 잘 안 한 거같아요.
한번은 동생이 자기는 늘 외로웠다고 말한 적이있어요.
그래서 왜, 누나들이 있고 네가 필요한 건 다 해주려고
했잖아, 라고 했던 것 같아요. 그랬더니 정작 자기가
필요할 때 누나들이 없었다는 거예요. 생각해 보면
저희도 항상 입시나 취업 때문에 바빴으니까 동생은 말을
건네기가 어려웠을 수도 있죠.

사관학교에 가지 않았다면 고인은 어떤 일을 했을까요?

저는 사관학교 입학할 때 말렸었는데, 가지 않았다면
공무원이 됐을 거 같아요. 문과이기도 했고, 본인도
비슷한 말을 한 적이 있어요. 누나 나 처음에 사관학교
와서 되게 힘들었는데, 아마 여기 안 왔으면 그냥
공무원시험 공부를 하고 있지 않았을까? 누나 덕에
그래도 취업도 보장이 되는 자리 왔으니까 후회는 없다고.

사관학교를 가겠다고 했을 때 말리신 이유는 뭔가요?

음…일단 서울로 대학을 갈 수 있는 성적이었는데
사관학교를 진학한다는 게 제게는 동생이 무언가를
포기하는 것처럼 느껴졌어요. 정민이가 자유롭게, 자기가
하고 싶은 대학 생활을 하고 청춘을 보내길 바랐던 거죠.
질투한다고 했지만 동생을 많이 아꼈지요. 저는 정민이가
조종을 하는 것도 반대했어요.

왜요? 위험할 것 같아서?

네, 저는 원래 위험성이 있는 것을 좋아하지 않아서요.
사고 이전에도 놀이기구도 안 좋아했어요. 지금은 더
심해져서 비행기 타는 거 자체도 좋아하지 않고요. 그래서
그때 동생한테 왜 조종을 하려고 하냐고, 그냥 조용히
군복무를 하다 나오면 좋겠다고 한 적도 있어요.

고인이 뭐라 하시던가요?

누나, 바보 같은 소리 하지 마, 라고 하더라고요.

남매보다 친구의 대화같은 느낌인데요…

누나 동생보다는 티격태격하는 친구같은 관계였던 거
같아요. 지금 생각해 보면 서로를 생각하는 마음은
있지만 그걸 직접적으로 표현하면 너무 부담스럽기도 하고
조심스럽기도 하니까 약간 투정하는 식으로 반응했던 거
같아요. 저는 그렇게 마음을 표현하는 게 되게 익숙하지

않았고, 정민이도 그랬어요. 마지막으로 정민이를 봤을 때 악수를 했던 기억이 나는데…

가족끼리 악수를 하는 것도 그리 일반적이지는 않은데요?

제가 제주도에 출장을 갔을 때 정민이가 왔었거든요. 그때 악수를 하면서 정민아 고생이 많다, 이러니까 정민이가 그래 많지. 한 게 그 마지막 순간이었어요. 너무 오랜만에 봤으니까 반갑기는 한데 안아주기는 좀 그랬던 거죠. 서로 생각하는 마음은 크지만 그걸 다 드러내면 그 감정을 또 온전히 받아내야 하니까요.

그야말로 현실 남매네요. 고인과 함께했던 재미있는 기억이 있으면 들려주시겠어요?

정민이가 7살 때 쯤 저에게 자전거를 가르쳐 준 적이 있어요. 다 큰 누나가 자전거를 못 타는데 배우고 싶어하니까 가르쳐 주고 싶었던 거 같아요. 운동신경이 없는 저를 동생이 엄청 답답하면서 열심히 가르쳐줬는데 제가 나아지지 않으니 서로 화내고 집에 들어갔어요. 그 이후에도 자전거를 못 타는 누나라고 놀리고, 저는 그것도 못 가르치는 동생이라고 서로 놀리며 웃었던 기억이 있습니다.

약속을 잘 지키는, 눈이 맑은 학생

고교 담임 교사 송선용

선생님께 고인은 어떤 학생이었나요?

첫인상이 눈에 아주 선합니다. 키가 작았지만 이목구비가
뚜렷했고, 눈이 아주 맑았습니다. 그 눈이 자주
생각납니다. 검은 눈동자가 진한 편이었고, 직감적으로 이
친구는 모범생이구나, 하는 생각을 했어요.
　　교사라는 직업의 특성상 많은 제자들과 인연을 맺게
됩니다. 하지만 정민이는 제자들 중에서도 기억의 아주
깊은 곳에 남아 있어요. 제게 자주 전화해서 일상과
고민을 공유했고, 사관생도로서의 고충과 장교 임관
이후의 정신적 고통도 제게 털어놓던 친구였어요. 친구도
아주 많았는데 그 친구들도 다 저랑 친하게 지냈어요.
정민이는 친구들과의 관계에서 오는 어려운 점이나 즐거운
것들을 제게 다 이야기하는 제자였어요.

스승과 제자라는 관계를 떠나서 세대 차이 때문에라도 그러기 쉽지
않았을 것 같은데, 아마 선생님께서 좋은 교사였기 때문이 아닐까
하는 생각도 듭니다.

글쎄요. 정민이가 제게는 아주 고맙고 좋은 제자죠.
세상을 떠나기 전까지 자신의 삶을 공유해 주는
제자였으니까요. 제 전화에 '심정민'이라는 발신자가 뜨고,
통화 버튼을 누르면 나오는 정민이 목소리가 제 머릿속에
각인되어 있어요. "선생님, 정민입니다" 하는 말투가요.

그렇군요. 고인은 어떤 마음을 지니고 사관학교 진학을 결정했나요?

아시다시피 사관학교는 진학 상담이 조금 빠르죠.

초여름에 사관학교 진학 상담을 하고 원서를 써야
하니까요. 정민이도 사관학교 이야기를 했고, 저도
정민이에게 가장 맞는 분야라고 생각을 했었어요.
서로 이견 없이 맞아떨어졌다고 할까요?

그때 군인이라는 다소 고된 직업을 추천하신 이유가 궁금하네요.

저는 직업군인으로서 가져야 하는 기본 소양이
리더십이라고 봤어요. 정민이는 공부를 잘하거나 못하거나
상관없이 다들 친하게 지냈어요. 그리고 친구들을
아우르는 리더십이 대단히 뛰어났었고, 모든 것을 스스로
하려고 하는 스타일이었어요. 솔직히 정민이가 안정적인
직업을 가질 수 있기를 바라기도 했고요.

언론에서 선생님께서 그 일을 후회하셨다는 인터뷰를 봤습니다.

네, 순직을 했다는 소식을 들었을 때 처음으로 후회했죠.
군인의 길로 정민이를 안내하지 않았다면, 찬성하지
않았다면 이런 일은 일어나지 않았을 텐데, 하는 후회와
아쉬움이 지금도 남아요.

졸업 이후에 고인을 만나셨을 때의 느낌은 어떠셨나요?

정민이는 졸업 이후에도 학교에 자주 왔었어요. 정복을
입고 사관학교를 홍보하러 온 적도 몇 번 있었죠. 각
잡힌 정복을 입고 있어도 정민이는 그냥 정민이었습니다.
일상을 공유하는 가족들의 경우에는 옷차림이 조금
바뀐다 하더라도 딱히 사람이 바뀌었다는 생각을 안

하잖아요. 별로 차이가 없었습니다. 다만 응석이 좀 늘어 있었죠.

응석이라뇨?

원래는 응석을 부리는 일이 없었는데, 사관생도가 된 이후에는 오히려 부모님께 힘들다는 이야기를 하면 걱정을 하시잖아요. 그래서 제게 와서 힘든 일들을 많이 이야기하곤 했었어요. 그래서 이 친구는 어른이 되고 나서 응석이 늘었네, 하고 재미있게 생각했던 기억이 납니다.

그렇군요. 주로 어떤 일들이 그렇게 힘들었다고 했나요?

정민이는 천성적으로 굉장히 자유로운 성격이었어요. 하지만 군대라는 공간이 원래 질서나 서열, 계급 문화가 주는 스트레스가 있잖아요. 그것들 중에는 합리적이지 않은 것들도 있을 거고, 그런 게 정신적으로 괴롭다는 이야기를 했어요. 하지만 정민이가 규율을 어기거나 존중하지 않는 친구는 아니었습니다.

혹시 순직 당일, 소식을 들었을 때의 기억이 나시나요?

네, 그날은 방에서 하루 종일 울었던 것 같아요. 밤새 울었죠. 저희 집 둘째 놈이 아빠 왜 우냐고 물어봐도 제가 대답도 못 하고 계속 울었던 기억이 납니다.

선생님은 고인이 어떤 사람으로 기억되기를 바라시나요?

약속을 잘 지키는 사람. 저는 담임을 맡은 학생들에게
졸업식 때 오천 원씩 나눠주고 이런 이야기를 해요. 10년
후에 열 배 불려서 가져와라. 우리 반 이름으로 좋은 곳에
기부하자. 선생님이 돈을 나눠주는 것은 10년 후에 오만
원쯤은 쉽게 기부할 수 있는 위치에 여러분들이 가기를
바란다고 하면서요. 정민이는 제게 그 약속을 지키겠다고
이후로도 자주 이야기했어요. 그 10년 되는 해에,
정민이가 순직했습니다.

무겁고 슬픈 약속이 되어버렸네요.

사실 저는 오래전에 '배우고 익혀서 몸과 마음을 조국과
하늘에 바친다'라는 공군사관학교의 교훈을 보고 조금
마음이 섬뜩하기도 했어요. 이제 와서 생각해 보니
순직을 선택한 것이, 약속을 잘 지키는 정민이가 어쩌면
군인으로서의 약속을 지킨 것이 아닌가 하는 생각도
들었습니다. 약속을 잘 지키는 사람, 신뢰할 수 있는
정민이가 군인으로서 우리의 하늘을 지켜주었다는
자부심을 기억해 주시면 좋겠습니다.

만약 군인이 아니었다면, 고인은 지금쯤 어떤 일을 하고 있을까요?

누군가를 가르치는 일이 제일 어울렸을 것 같아요. 만약
제가 지금 정민이의 고3 담임으로 되돌아간다면, 저는
사범대를 가라고 했을 것 같아요. 정민이는 친구들을
가르치는 걸 좋아했어요. 예를 들어 축구를 가르치더라도

야 니 좀 잘해라, 하는 식의 추상적인 지도가 아니었어요. 짧은 거리는 인사이드 킥으로 차야 한다거나, 롱 킥은 발등으로 차되 공의 3분의 2 지점을 맞춰야 한다거나 하는 디테일이 아주 좋았어요. 그래서 사관생도가 아니라면, 아마 교직에 있지 않을까 하는 생각이 듭니다.

그렇군요. 그러면 선생님의 동료가 될 수도 있었겠네요.

네, 교직의 선후배가 될 수도 있었겠지요. 아마도요.

몸도 마음도 건강했던, 씩씩하고 밝은
청년으로

공군사관학교 동기생 김상래

고인을 열아홉 살에 처음 만났겠네요. 첫인상은 어땠나요?

정민이를 처음 본 건 사관학교 2차 시험장에서였어요.
고3 여름방학이 끝나고 9월쯤이었을까, 사관학교
교정에서 1박 2일을 머무르며 시험을 치던 때였죠. 그때
정민이랑 함께 시험을 봤었어요. 아주 진한 대구 사투리를
쓰는 친구라서 기억에 남았죠. 그때 대구와 구미에서
지원한 친구들이 많았는데 자기들끼리 아주 찰지게 경상도
말씨로 이야기도 하고 욕도 하면서 엄청 유쾌하게 잘
놀더라고요.

그런데 사관학교에 입교하고 기본군사훈련을 받을
때, 정민이가 그때 걔인지 몰랐어요. 친구들에게 싫은
소리도 용감하게 잘 하고, 성격 자체가 워낙 올곧았어요.
시험장에서 실실 웃던 애가 맞나 싶었는데 함께 지내다
보니 웃으면서 장난도 잘 치고 그러더라고요. 그때처럼.

사관생도들이 받는 기본군사훈련은 많이 힘든가요?

네. 그때는 많이 힘든 편이죠. 밤에 이불 덮고 우는
친구들도 있어요. 고등학교를 졸업하자마자 기본적인
의식주를 통제받는 경험을 하는 거니까요. 정민이도
힘들었을 거예요. 하지만 사람이 워낙 모나지 않았고,
올바른 행동을 제대로 해야 한다는 신념이 있었어요.
가까운 동기들에게도 직설적으로 단점을 지적하지만,
자신의 기준을 강요하려 하지 않고 한없이 주변 사람을
챙기는 친구였어요. 인연 하나하나를 소중히 여기고
마음을 따뜻하게 쓰니까 다들 좋아했죠.

그럼 두 분은 언제부터 서로 친해지셨나요?

2학년 때 같은 중대이기도 했고, 전공도 군사전략학으로
같았어요. 그때부터 본격적으로 친해졌죠. 특히
사관학교의 3, 4학년은 후배들을 이끌면서 장교로서
자신의 조직과 인력을 어떻게 관리하는가에 대한 경험을
쌓는 시간이기도 해요. 그때 이야기도 많이 나누고 고민도
하고 하면서 더 친해졌어요.

그럼 고인은 후배들에게는 어떤 선배였나요?

저랑 비슷한데, 후배 지도를 '열심히' 하는 타입이었어요.

엄격한 편이었던 모양이죠?

그랬죠. 화를 내거나 주의를 주는 경우도 많았고요.
하지만 놀 때는 또 엄청 격의 없이 편하게 지내서 인기가
좋았어요. 주변에 친구들이 항상 많고, 따르는 후배들도
많고. 안타깝게도 어째 연애는 잘 안 풀리는 편이었지만…

그렇군요. 그때 사관학교 동기들은 지금도 서로 끈끈하게 지내나요?

네. 사관학교 동기들은 조금 특별한데, 가장 힘든
시기를 함께 견뎠던 전우이자 대학 친구이자 직장 입사
동기라고 보시면 돼요. 엄청 반갑고 항상 할 말이 많고,
지난 이야기로 밤새 술을 마실 수 있는 사이죠. 물론
그러다 보니 오히려 사이가 조금 틀어진 친구들도 있지만
기본적으로 사관학교 동기들은 대부분 마음의 벽이

없어요. 서로 공유하는 추억이 아주 많으니까요. 라이벌 의식도 있지만 경쟁에 과몰입해서 서로를 밀어내거나 하지는 않아요. 정민이도 물론 그랬고요.

그러면 그 친한 동기들 중에서 두 분은 특별히 더 친했던 거군요.

저도 정민이처럼 축구를 좋아했고 밴드도 함께 했어요. 저는 드럼, 정민이는 보컬이었죠. 가치관도 비슷하고 취미도 비슷해서 자연스럽게 가까워질 수밖에 없었어요. 저는 덩치가 좀 있고 정민이는 키가 조금 작고 마른 편이라 '티몬과 품바'라고 부르기도 했어요. 졸업 이후에 저도 바쁜 부서에 배치됐고 정민이도 비행 교육을 받느라 바빠서 자주 보지는 못했어요. 하지만 함께 캠핑도 다니면서 계속 친하게 지냈죠.

사고 소식을 들으셨을 때 많이 놀라셨겠네요.

저는 행정 업무를 하던 때라서 사고 소식을 조금 일찍 접했어요. 하지만 워낙 바쁜 날이라서 열심히 제 일을 처리하고 있는데, 동기 한 명이 그 비행기에 정민이가 타고 있었다고 메시지로 알려줬어요. 그때부터 일이 손에 잡히지도 않았고, 그냥 계속 기다렸어요. 결국은 정민이가 탈출을 안 했고, 사망 확인이 되었다는 소식을 듣게 됐죠.
저는 당시 동기생 회장이었고, 해야 하는 역할도 있었어요. 부대에서도 그걸 아시고 필요한 만큼 휴가를 쓰라고 하시면서 그냥 저를 퇴근시켜 주셨어요. 어떻게 보면 조문객들을 맞이하는 입장이었으니까 마냥 슬픔에 빠져 있지는 못하고 계속 참았어요. 영결식을 준비하고

동기생 대표로 추도사를 낭독할 때도, 현충원에 이동해서 안장식을 할 때도 마음을 억눌렀어요. 맨 마지막에 헌화를 하고 나와서 참았던 감정이 몰려와서 행사장 뒤로 빠져서… 혼자 주저앉았던 것 같아요.

잘 추스르셨기를 바라지만, 그 순간이 자주 생각나실 것 같아요.

저는 제 감정을 좀 감추는 타입이에요. 인터뷰를 하거나 남들이랑 정민이 이야기를 할 때는 좀 덤덤하게 행동하는 편이고요. 하지만 어느 순간 갑자기 생각이 나요. 친구가 전화해서 잘 지내냐고 물어볼 것 같은 그런 때 있잖아요. 주로 혼자 있을 때. 그렇게 정민이 생각이 납니다. 지금 이게 맞나, 하고 자신에게 의구심이 들거나 할 때 언제나 정민이는 전화해서 물어보고 이야기하던 친구거든요. 그런데 이제 없으니까요.

그러시군요. 마지막으로 고인이 어떤 사람으로 기억되면 좋을까요?

군인이라는 직업을 지닌 사람들은 당연히 자기보다는 남이나 일반 시민들을 먼저 생각해야 할 수밖에 없어요. 정민이가 큰 결심을 하고 고귀한 희생을 한 건 맞지만, 시대의 영웅이라든가 고귀한 희생정신을 발휘했던 사람이라기보다는 그냥 직업 의식이 투철했던 건강한 청년 정도로 기억되면 좋겠어요. 생각할 때마다 마음이 무거워지는 사람이 아니라, 항상 씩씩하고 밝고 책임감이 넘치던 친구였던 걸로요. 그리고 우리 군 안에 수많은 정민이들이, 몸도 마음도 건강한 그런 청년들이 있다는 걸 기억해 주시면 좋겠습니다.

존경할 만한 동료, 노래를 좋아했던 청년

동료 조종사 한상민

고인은 어떤 분이셨나요?

장점을 말하자면 끝도 없는데, 우선 자신한테 엄격한
사람이었습니다. 저희 동기 중에서는 인기가 제일 많은,
밝은 사람이었고요. 음악을 사랑하고 축구를 좋아하는
평범한 청년이었습니다. 운동 좋아하고 사람 좋아하는
친구였고요.

자신에게 엄격하고 타인에게 친절한 사람은 드물지 않나요?

정민이는 사관학교 때부터 그랬어요. 후배들을 교육하는
역할을 많이 맡았었는데, 교육을 하려면 적어도 본인이
떳떳해야 한다고 생각했어요. 그렇게 후배들 교육을
엄하게 했으니 후배들이 무서워할 만도 한데, 선후배와
동기들에게 제일 인기 많은 친구였어요. 졸업 후에 비행
훈련을 마치고 정민이 관사에 놀러 간 적이 있는데, 저희가
사관학교 때 배운 옷 정리 방법이 있어요. 옷걸이에 옷을
걸 때 간격을 맞추고, 팔꿈치 부분을 뾰족하게 접는
식인데요. 졸업한 지 4년이 지났는데 여전히 집에서도
그렇게 하고 살더라고요. 대단하다는 생각도 들었고, 그게
정민이다웠어요.

공군 조종사는 내가 민간인을 위해 죽을 수도 있다는 생각을 하는 몇
안 되는 직업이라고 들었습니다. 사실 민간인으로서는 어떻게 평범한
남자 고등학생이 그런 사명감을 지닌 이가 되는지가 잘 상상이 가질
않는데요. 어떤 계기로 그렇게 되나요?

사람마다 다릅니다. 말씀하신 대로 그저 전투기가

멋있다는 이유로 들어오는 친구들이 많죠. 하지만
전투 조종사가 되어 그 삶을 살다 보면, 자신이 국가나
국민들을 위한 어떤 일을 하게 되고, 어떤 희생을 하게
되는지에 대해 점점 더 생각하게 되는 것 같아요. 정민이는
유난히 그런 생각이 강했던 친구예요. 특히 비행이라는
일에 대한 자부심도 강했고요.

전투 조종사의 일상은 어떤가요?

일단 비행 스케줄이 나오면 미리 준비를 하고 미팅을 해요.
그리고 나서 자신이 받은 임무를 분석하고 책을 보면서
개인 연구를 하죠. 이륙하는 날에는 기상과 오늘의 임무
목표, 전술 등에 대해서 브리핑을 한 다음에, 항공기를
둘러보고 이륙을 해서 임무를 마치고 돌아오죠. 그리고
나서는 그 비행 영상 기록장치를 보면서 오늘 비행에 대한
디브리핑을 하고요. 그러면 대체로 여섯 시간 정도가
지나는데, 그러면 하루가 끝나죠. 내일 또 비행이 있으면
브리핑과 디브리핑을 다시 하고요. 보통 주3회에서 많으면
거의 매일 비행을 할 때도 있습니다. 출격 대기실에서
장구를 다 차고 대기하다가 명령이 내려오면 비상 출격을
하는 경우도 있고요.

순직 당시의 비행 상황은 어땠을까요?

저도 현장에 갔었고, '(탈출을) 안 한 거구나' 하는 생각이
들었습니다. 항공기가 컨트롤이 안 되는 상황에서는 언제
탈출을 해야 하는지에 대한 정확한, 국제적인 매뉴얼이
있어요. 사람이 없는 지역이나 산, 강 같은 곳에서 탈출을

하는 포인트도 미리 잡아두고 있고요. 조종사는 10초 동안에 두 번 이상 탈출 레버를 당기는 것을 비롯해서 여러 선택의 여지가 있어요. 하지만 비행기가 거꾸로 뒤집힌 상태에서 주변 지형이 잘 인지되지 않았을 거고, 시야에 민가가 들어왔을 거예요. 내가 탈출을 지금 하면 살 텐데, 비행기가 컨트롤이 안 되는 상황에서는 어떻게 떨어질 지 예측할 수가 없으니까요. 아주 어려운 선택의 영역이지만, 조종사들은 많이들 그렇게 결단하지 않을까 싶어요.

고인에 대한 개인적인 기억을 들려주세요.

정민이와는 사관학교 시절부터 전투 조종사가 된 후까지 함께한 추억이 참 많아요. 지금도 정민이를 떠올리면 활짝 웃고 있는 모습이 가장 먼저 생각나요. 으하하 하는 특유의 웃음소리도 생생해요. 늘 긍정적이고 웃음이 많고, 사관학교 때부터 전투 조종사가 된 후까지 맡은 일에는 늘 진지하고 최선을 다하는 친구였어요. 4학년 시절에 정민이와 같이 대대본부 근무를 하면서 매일 저녁마다 컨셉을 정해서 점호를 한 적도 있어요. 사진전도 열고, 축제 때는 함께 츄러스도 팔았어요. 저희끼리 너무 재밌게 지내고 장난도 많이 치다 보니 훈육관님들께 혼난 적도 많아요. 졸업 후에 비행 훈련을 받을 때에는 어떻게 해야 더 잘할 수 있는지 고민을 많이 나눴고, 전투 조종사가 된 후에도 매년 두세 번 여행을 다니며 미래에 대한 얘기도 함께 나눴죠.

　　정민이와의 추억을 생각하면 늘 재밌었던 기억만 떠올라요. 그래서 더 슬픈 것 같아요. 제가 한살 한살 나이를 먹을수록 정민이가 스물아홉 살의 나이에 순직을

했다는 게 가슴이 더 아프죠. 늘 밝고 장난기가 많은
친구였고, 노래와 축구를 좋아하는 친구였어요. 하지만
국가를 위해 늘 최선을 다했던 전우였고, 절체절명의
마지막 순간에도 끝까지 조종간을 놓지 않았던 전투
조종사였어요. 같은 조종사이자 한 명의 국민으로서
존경스럽고, 감사하고, 죄송한 마음이 있습니다.

어른스럽고 진중했던 나의 '그냥' 친구

친구 곽영창

먼저, 고인을 처음 어떻게 알게 되셨는지 말씀 부탁드릴게요.

중학교 1학년 때 처음 만났어요. 정민이도 축구를 많이
좋아했고 저도 그랬으니까 어쩔 수 없이 운동장에서
계속 만나게 됐죠. 그런데 이상하게도 같은 반이 된
적은 한 번도 없어요. 하지만 자꾸 만나니까 고등학교
1학년 때부터는 정말 친해지게 됐어요. 가족분들과도
가까워졌고요.

영창 님께 고인은 어떤 분이셨나요?

정민이가 그렇게 되고 나서 그런 질문들을 되게 많이
들어요. 하지만 저한테는 그냥 친구거든요. 친구가 이런
사람인지 저런 사람인지를 사실 깊게 생각하지 않잖아요.
친구끼리 그냥 친구지, 깊게 생각해보는 거 자체가 사실
웃기는 일이고요. 하지만 이런 일이 일어나고 나니까
곰곰이 생각해게보게 돼요.
　　정민이는 어떤 친구였을까, 되게 어른스러웠던
친구였던 것 같아요. 진중한 면도 있었고요. 친구들끼리
장난을 칠 때는 치더라도 기본적으로 생각이 깊었고요.
친구들 안부도 정민이가 제일 잘 챙겼어요.

사실 남자들이 그러기 쉽지 않은데.

갑자기 전화가 와서 뭐 하냐고 묻고 자기 이야기도
털어놓고 했죠. 네, 참 어른스러웠던 것 같아요. 아무래도
군대를 일찍 갔다 보니 그런 것도 있었고요. 일반 대학이나
사회에 있다 보면 술도 마시고 노는 일이 많잖아요.

정민이는 좀 일찍 훈련도 받고 하다 보니 점점 더 일찍 철이 든 것 같기도 해요.

중고등학교 때도 조금 일찍 철이 든 편이었나요?

네, 기본적으로 고등학교 때도 크게 다르지는 않았어요. 정의감이 있었고 나서는 것도 좋아했고, 친구들과도 엄청 잘 지냈고요. 실장이나 회장 같은 임원도 했죠.

사관학교에 지원한다고 했을 때 어떠셨어요? 잘 어울리는 것 같았나요?

사실 저랑 사관학교 시험을 같이 쳤어요. 독서실도 같이 다니고 공부도 같이 해서 맨날 붙어 다니기도 했고요. 사실 저는 그냥 수능 연습 겸해서 시험을 치러 갔었어요. 그런데 합격하고 나서 정민이가 자기는 한번 (공군을) 해 보겠다고 하더라고요. 사실 저희는 그때 잘 몰랐어요. 되게 힘들고 어려운 일이라는 생각을 못 했어요. 저는 그냥 파일럿이라는 게 정민이랑 잘 어울린다고만 생각했던 것 같아요.

어떤 점에서 잘 어울린다고 생각했는지 여쭤봐도 될까요?

일단 운동도 잘하고, 참는 것도 잘하고, 인내심도 좋고 사교성도 좋아서요. 군대라는 게 어떤 건지는 정확하게는 잘 모르겠지만, 잘 버티고 이겨낼 수 있겠다 하는 생각을 좀 하긴 했었죠.

대학 때도 자주 만나셨어요?

고등학교 때처럼 자주 코인 노래방 가고 주말이면 점심 저녁을 다 같이 먹고 하면서 놀지는 못했어요. 일단 정민이가 대학 들어가서부터는 외출이 잘 안되다 보니까 더욱 그렇죠. 그래도 정민이가 외출 나오면 왠만하면 계속 얼굴 보고 그랬죠.

이제 사고가 났을 때의 상황을 좀 여쭤볼게요. 당시에 어떤 일을 하고 계셨는지 기억이 나시나요?

저는 회사에 있었어요. 이제 퇴근하려고 준비를 하고 있는 상황에 갑자기 정민이 아내에게 보이스톡으로 전화가 왔어요. 그래서 아니 왜 내 번호도 저장을 안 했냐고 장난스럽게 말했어요. 그런데 갑자기 정민이 뉴스를 봤냐고 묻는 거예요. 처음에는 믿어지질 않았어요. 일단 알겠다고 끊고 바로 친구들한테 전화해서 곧바로 갔어요. 사실 다들 믿지 못하는 상황이었어요.

그런데 가서 보니 이미 일이 그렇게 되어 있던 거군요.

영결식장에 내내 있었어요. 언론에서는 인과관계에 대해 많이 집중을 했지만 저희 입장에서는 그런 게 눈에 보이질 않았어요. 잠을 못 자겠더라고요. 마지막 날도 다 같이 밤을 샜어요. 수원 제10전투비행단 강당에서. 거기서 나오는 순간 정민이를 진짜 보내야 하는 것 같은 느낌이 들어서요. 현충원도 다같이 갔어요.

다른 친구분들도 함께 계셨나요?

네. 함께 정민이 얘기도 하고 옛날 얘기도 하고 그랬죠.
정민이가 체구는 작지만 예전에 주먹도 좀 썼다든가,
공을 많이 찼다든가, 서든어택 같은 게임도 열심히
했다든가 그런 것들요. 아마 정민이랑 같이 훈련을 받았던
생도들에게는 다른 할 이야기가 있겠지만, 저희는 그냥
진짜 좋았을 뿐이니까요.

그러면 영결식을 보시면서 오히려 좀 거리감이 느껴지셨을 수도
있겠어요.

그냥, 엄청 눈물이 쏟아지더라고요. 어떤 느낌이었다고
표현하기 굉장히 어렵고, 그냥 엄청 슬펐어요. 중고등학교
때 친구들도 열 명 정도 있었는데, 전날 밤까지는 농담도
하다가 영결식이 되니까 갑자기 눈물을 쏟아내고, 다시
웃다가 또 눈물이 쏟아지는 상황이 많았어요.

그렇군요. 이제 두 해 정도 지났는데요. 지금도 자주 고인의 생각이
나세요?

많이 나죠. 진짜 꽤 나요. 저는 지금 울산에 살고 있는데,
대구에만 오면 생각이 나요. 정민이랑 함께 다녔던
길이라든지, 제 대구 집에 간다든지 하면요. 어버이날이나
명절이 되면 정민이 부모님 생각이 나서 전화도 한 번씩
드리게 되더라고요.

마지막으로, 고인이 어떻게 기억되면 좋겠는지에 대해 여쭤볼게요.

그냥 오래오래 기억됐으면 좋겠어요. 걔가 자기 목숨을
바쳤고, 사람들이 정민이의 희생이 있었다는 걸 그냥
오래오래 기억해 주시면 좋겠습니다.

내게 노래를 가르쳤던 친구

친구 정의헌

고인과는 어떻게 서로 친해졌나요?

중학교 2학년 때 같은 반이었어요. 장난도 좀 치고,
정민이가 워낙 친화력이 좋아서 반 친구들끼리 서로 다
친했어요. 요즘 말로 하면 '인싸'죠. 정민이가 교회를
다니자고 해서 함께 다니기도 했고요. 성인 되어서도
계모임도 하고 하면서 자주 봤죠. 여자친구도 소개시켜
주곤 했고요.

의헌 님이 기억하시는 고인은 어떤 분이셨나요?

시기별로 조금 다르긴 해요. 우선 중고등학교 때는
승부욕이 워낙 강하고 지는 걸 되게 싫어하는 친구였어요.
굉장히 남자다웠고, 성격도 불같은 면이 있었고요.
사관학교에 가고 성인이 되어서는 많이 차분해지고
어른스러워진 느낌이 좀 들었어요. 주변 친구들을 많이
챙겼어요. 전화도 평상시에 자주 오고요. 사실 남자들이
먼저 전화하는 게 쉽지 않잖아요. 그런데 정민이는 갑자기
먼저 전화를 해서 잘 지내는지 물어보고 일상 이야기도
하고 그랬어요. 어른스러운 면이 있었죠.

그런 친구가…사고 당시에 많이 놀라셨겠어요.

그때 저는 일을 하고 있었는데, 고등학교 친구들이 전화를
하는 거예요. 처음에는 좀 바빠서 전화를 안 받았는데,
다른 친구에게 전화가 와서 받았더니 뉴스 봤냐고 하면서
정민이 이름을 말하는 거예요. '뉴스'랑 '정민이'라는 말을
듣자마자 뭔가 안 좋은 이야기라는 생각이 들었어요.

정신없이 뉴스를 보니 전투기가 추락했다고 하는 소식이
있었어요. 그걸 보자마자 갑자기 눈물이 났어요.

그러셨군요.

그때 바로 그냥 퇴근을 하고 정민이 있는 곳으로 갔어요.
가보니 장례식 준비도 안 되어 있고, 아직까지 생사 확인을
못했다고 하셔서 혹시 살아 있을 수도 있지 않을까 하는
희망을 가지고 있었어요. 결국 순직 소식을 듣고…그냥
말로 표현할 수가 없었어요.

조종사로서의 그런 선택에 대해 고인과 평소에 이야기를 나누신 적
있나요?

술 먹으면서 한 번씩 물어보기도 했죠. 조종하다가 만약
사고가 나면 너는 어떻게 할 거냐고. 정민이는 "민가
있으면, 일단 거기는 떨어지면 안 되지" 이런 식으로
이야기를 했었어요. 공군사관학교에서도 민간인의 피해를
최대한 줄여야 한다고 배웠다고 하길래 정민이도 그런
선택을 하겠구나 싶었어요. 그래서 너무 위험하니까
나중에 민항기 쪽으로 빠지면 어떻겠냐고 물어보기도
했고요.

이런 일이 생기리라는 현실감은 그래도 전혀 없으셨을 것 같아요.

네, 정민이도 가족이 있는 친구니까…혹시 사고가
나더라도 그 순간에 그런 선택을 하는 게 쉽지는 않을
거라고 어렴풋이 생각했어요.

그렇군요. 고인과의 기억을 조금 더 이야기해 주시겠어요?

여행을 아주 많이 갔어요. 정민이는 승부욕이 강한
친구라 말다툼도 했고요. 정민이한테 노래도 배웠어요.
중고등학교 때 코인노래방에 가면 정민이는 무슨
선생님처럼 어떤 부분을 어떻게 부르라고 막 가르쳐주곤
했어요. 노래가 늘었다고 정민이가 칭찬도 해 줬고요.
아, 정민이가 중학교 때 여자친구랑 헤어져서 힘들어하는
것도 개인적으로는 재밌었죠.

친구가 실연의 아픔을 겪으면 막 놀리잖아요 원래.

네 그런 것도 재밌죠. 사고 전에 다같이 펜션에 놀러 가서
풀빌라 같은 데서 수영도 하면서 놀던 기억도 나고요.

어떨 때 고인의 생각이 제일 많이 나시나요?

정민이가 좋아했던 노래들이 있어요. 그 노래가 길에서
들리거나, 노래방 가서 한 번씩 부를 때 생각이 제일
많이 나죠. 정민이가 고등학교 축제 때 부른 노래, K2나
엠씨더맥스 같은 것들. 그리고 고등학교 친구들과 결혼식
축가로 불렀던 노래들. 그리고 무엇보다도 좀 추워질 때,
사고가 있었던 1월이 되면 잊고 있다가도 생각이 나요.

4

물
건
들

고인이 좋아하던 것들, 그의 손과 체취가 닿은
물건의 기억.

공군사관학교 정모

2016년, 공군사관학교를 졸업하고
고등비행교육을 받던 시절에 쓰던 모자

고인의 대대 마크와 명찰, 기장, 열쇠고리 등.

전투비행을 할 때 입는 조종복

공군사관학교 졸업식 때 어머니가 선물한
꽃목걸이

고인이 좋아하던 축구와 테니스, 마리오 인형

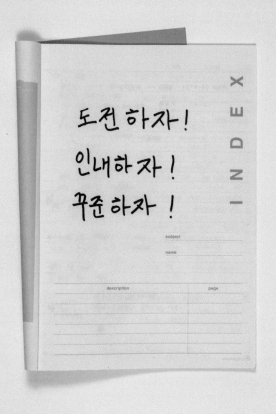

수능 공부를 하던 공책

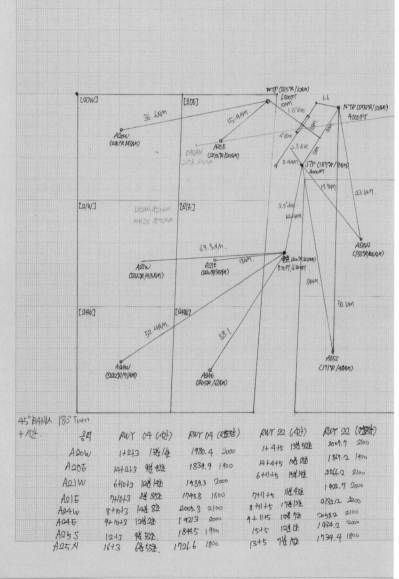

17-3차 심정민

45° BANK 180° Turn +시간. 공역	RWY 04 (착)	RWY 04 (연장)	RWY 22 (착)	RWY 22 (연장)
A20W	1+2+3 1분1초	1980.4 2000	1+4+5 13분42초	2007.7 2100
A20E	14+2+3 9분4초	1839.9 1900	14+4+5 10분18초	1847.2 1900
A21W	6+10+3 12분 14초	1939.3 2000	6+11+5 15분18초	1902.7 2000
A21E	7+10+3 8분 58초	1745.8 1800	7+11+5 11분43초	2130.2 2000
A24W	8+10+3 14분 8초	2003.3 2100	8+11+5 17분13초	2058.2 2100
A24E	9+10+3 12분2초	1931.3 2000	9+11+5 15분 7초	1934.2 2000
A25S	12+3 9분 52초	1844.5 1900	15+5 12분1초	1734.4 1800
A25N	16+3 6분 55초.	1726.6 1800	13+5 7분 15초	

T-50 고등비행훈련 때의 비행연구 노트

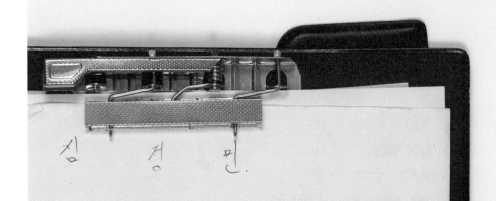

심 정 민.

정민아~.

노래 그만 크게 부르자!

정민아. 공사에서 첫인상을
잘못 보여준 것 같아 너무 아쉽다
진심으로 통합교육 끝나도 계속 연락하고
만나자. 내 모습을 다 못 보여주기
같아T.T

정민아 ○○○이는 자기솔은 ○○○의
젊어. 축구 잘하고 노래도 잘부르는
정민! 일년동안 같이 생활해서
나 즐거웠고 넌 꼭 최고의
파일럿이 될거라 믿는다 !
앞으로도 우리 가끔씩 모였으면
좋겠다. 아쉽다 N.

정민아 학기초에는 겁나
쎈척하더니 날이 갈수록
귀여와지는것 같다. 더헷
나는 귀여운 멍머 계속
보고싶다. 우리 즐거운 이학년
생활 보내자~ㄲ ♡

정민아 ㅠㅠㅠ 첨부터 친해지고 싶었는데
동기회하고 바쁘고 쎄가지고 공사에서

사관생도들의 롤링 페이퍼

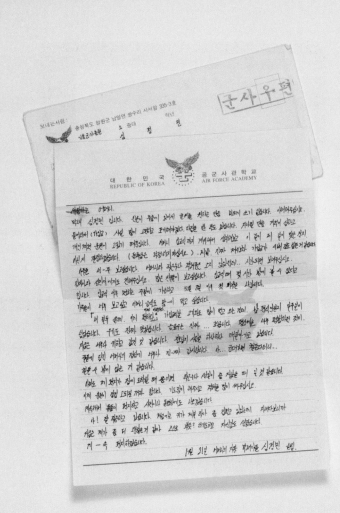

공군사관학교 기본군사훈련 당시 어머니에게 쓴
편지

소위 임관을 축하하는 명패

순직 이후에 수여된 훈장

세계 각국의 공군 지휘관들이 보내 온 경의와
애도의 서한들.

존경하는 고 심정민 소령의 부모님께

지난겨울 사랑하는 고 심정민 소령이 우리 곁을 떠난 지 벌써
두 달의 시간이 지나 어느새 봄이 찾아왔습니다. 고인을
떠나보낸 우리의 시간은 아직도 차가운 겨울의 한가운데
머물러 있는데 세상의 시간은 어김없이 흘러 때론 야속하게
느껴지기까지 합니다.

　　저희의 마음도 이토록 아픈데 고이 키우신 귀한 아들을
조국의 품에 바치신 부모님을 비롯한 가족분들의 비통한
마음을 생각하면 한없이 안타깝고 송구스러울 따름입니다.
가족분들께도 깊은 위로의 마음을 거듭 전해드립니다.

　　고 심정민 소령이 순직한 후 세계 각국의 공군 지휘관들이
고인의 무한한 헌신과 희생, 그리고 영웅적인 행동에 높은
경의를 표하며 애도와 조의의 뜻을 담은 서한을 보내주었습니다.
특히, 세계의 지휘관들이 가족분들께 진심 어린 위로와 응원을
보내주었습니다.

　　이를 모아서 전해드리는 것이 자칫 그날의 아픔을 다시금
느끼시게 해드리는 것은 아닌가 고민하면서도 전 세계에서
보내준 고인에 대한 존경과 가족분들에 대한 위로를 전해드리는
것이 마땅한 도리라고 생각하여 보내드립니다.

　　대한민국 공군과 저는 존경하는 고 심정민 소령의
명예로운 헌신과 희생을 영원히 기억하고, 고인의 높은 뜻을
이어받아 조국 영공수호의 숭고한 사명을 더욱 안전하게
이어나갈 것을 약속드립니다.

　　다시 한번 부모님과 가족분들께 깊이 고개 숙여 조의를
표하며, 삼가 고인의 명복을 빌고 가족분들의 건강과 평안을
기원드립니다.

　　2022년 3월 7일
　　공군 참모총장 대장 박인호 배상

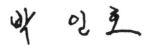

유엔사, 연합사, 주한미군사를 대표하여 최근 발생한 비극적인 사고로 산화한 대한민국 공군 조종사의 유가족과 지인들께 삼가 조의를 표합니다.

　　공군 조종사의 순직으로 우리 모두 비통한 심정이 큽니다. 상실감과 애도의 시기에 대한민국과 대한민국 국군을 위해 기도하겠습니다. 힘든 애도의 시기에도 리더십을 발휘하시는 총장님께 감사드립니다.

　　공군인과 유가족에게 우리의 추모와 기도가 함께하여 평안하시길 기원드립니다.

　　진심 어린 조의를 표하며,
　　유엔사, 연합사, 주한미군 사령관 폴 라카메라

대한민국 공군 조종사의 순직 소식에 공군 참모총장님을 비롯한
대한민국 공군에게 진심 어린 애도의 뜻을 표합니다. 어떠한
상황에서도 젊은 생명을 잃는다는 것은 매우 비극적인 일이지만,
사고의 경우에는 더욱 안타까운 소식으로 다가옵니다.

　　슬픔이 가득한 이 시기에, 저희의 마음과 기도가 순직한
조종사와 유가족 그리고 대한민국 공군 여러분들과 함께할
것입니다. 그 어떠한 말로도 유가족에게는 위로가 되지
못하겠지만, 전 국민이 함께 기도하고 있다는 사실이 조금이나마
그들의 고통을 덜어내 줄 수 있기를 바래봅니다.

　　진심을 담아,
　　주한 영국 대사관 준장 마이크 머독

일본 항공자위대를 대표하여 2022년 1월 11일 비극적 사고로
순직하신 대한민국 공군 조종사분께 애도와 조의의 뜻을
전합니다. 같은 전투기 조종사로서 해당 뉴스를 접하고 충격을
받지 않을 수 없었습니다. 이 비극은 우리의 임무에 따르는
위험을 다시 한번 상기시켜 주는 계기가 되었습니다.

　　국방의 임무를 다하다 순직하신 해당 조종사분의 영혼이
편히 잠드실 수 있길 바라는 마음을 담아 애도와 조의의 뜻을
전하며, 유족분들과 대한민국 공군 모든 장병들께서 이 어려운
시간을 잘 이겨내실 수 있기를 소망합니다.

　　깊은 공감을 담아,
　　일본 항공막료장(항공자위대 총장) 대장 이즈쓰 순지

井筒 俊司

국방의 임무 수행 중 순직하신 대한민국 공군 심 소령님의 비극적
사고와 관련하여 이스라엘 국방부를 대표해 깊은 애도와 위로의
뜻을 전합니다. 대한민국이 오늘날 번영하고 발전된 민주주의를
세계 사회와 공유할 수 있는 배경에는 심 소령님같이 대한민국
국민들을 지키기 위해 목숨을 아끼지 않는 분들이 계시기
때문입니다.

　　　그러나 이 순간 유족분들께서 크나큰 고통을 겪고 계실
것이라는 것을 잘 알고 있습니다. 유족분들에게 다시 한번
깊은 애도와 위로의 뜻을 전합니다. 해당 비극은 대한민국뿐만
아니라 이스라엘 국민 모두에게 크나큰 슬픔입니다. 다시 한번
유족분들과 대한민국 공군 장병 모든 분들에게 깊은 애도와
조의의 뜻을 전합니다.

　　　주한 이스라엘 국방무관 대령 야리브 벤 에즈라

큰 슬픔과 함께 한국 F-5E 사고로 인한 심정민 소령님의 순직 소식을 듣게 되었습니다. 태평양공군 전 장병을 대표하여 순직에 대한 깊은 애도의 뜻을 표합니다. 이런 슬픈 시기는 저희 직무에 따르는 대가와 매일 공군인에게 요구되는 용기와 헌신을 상기시켜 주는 계기 같습니다.

유가족들과 대한민국 공군 장병에게 진심 어린 마음과 위로를 전합니다. 어려운 상황 가운데 저 또는 태평양공군이 지원해 드릴 수 있는 것이 있다면 말씀해 주시기 바랍니다.

태평양공군 사령관 대장 케네스 윌즈바흐

무거운 가슴을 안고 심정민 소령님의 순직에 대한 애도의 뜻을
표하기 위해 편지를 쓰게 되었습니다. 동맹국으로서, 그리고
친구로서, 저희는 국가의 부름에 응하는 것에 어떤 위험이
따르는지 너무나도 잘 알고 있습니다.

　　저희는 심 소령님의 자기희생과 영웅적 행위를 크게
칭송하면서도, 심 소령님을 친구, 아들, 그리고 남편으로 알고
있던 유가족분들과 그를 사랑했던 이들과 함께 그의 순직에
비통해하고 있습니다. 미국을 대표하여 심 소령님의 순직에
대한 깊은 애도의 뜻을 전하며, 심 소령님이 자신의 인생을 바친
임무를 다하기 위해 저희 또한 절대 멈추지 않을 것이라는 약속을
드리겠습니다.

　　주한 미 대사 대리 크리스토퍼 델 코소

화성에서 발생한 대한민국 공군 F-5E 전투기 관련 비극적 사고 소식을 접하고 슬픔을 감출 수 없었습니다. 이 비극은 숭고한 임무 속 우리가 매일 마주해야만 하는 위험들을 상기시켜 주는 계기가 되었습니다. 항상 최고의 노력을 기울임에도 불구하고 때때로 이런 비극을 맞이할 수밖에 없는 것이 안타까운 현실입니다.

저와 인도 공군 모두는 큰 슬픔에 빠져있을 유족분들께 진심어린 애도와 조의의 뜻을 전합니다. 돌이킬 수 없는 소중한 가족의 죽음으로 아파하고 있을 유족분들께 신의 힘이 함께하길 기원합니다. 유족분들과 대한민국 공군 모든 장병들이 이 고통의 시간을 잘 이겨내실 수 있기를 기도하겠습니다.

인도 공군 참모총장 대장 비벡 람 차우더리

미국 공군을 대표하여 2022년 1월 11일 비극적 사고로 순직하신
대한민국 공군의 심 소령님께 애도와 조의의 뜻을 전합니다.

또한 유가족분들 및 심 소령님과 가까웠던 모든 분들께도
애도와 조의의 뜻을 전합니다. 이 기회를 빌어 모든 대한민국
공군 장병들의 용기와 희생에 깊은 존경을 표합니다. 이번 사고는
우리 공군 장병들 모두가 매일 마주하고 있는 중대한 위험들을
상기시켜 주며, 장군님과 저는 공군 참모총장으로서 그러한
위험들을 아주 잘 알고 있습니다.

미국 공군의 모든 장병들은 대한민국 공군과 언제나
함께할 것이며, 이 힘든 시기를 잘 이겨내실 수 있기를
소망합니다.

미 공군 참모총장 대장 찰스 Q. 브라운 주니어

호주 공군 전 장병을 대표하여 2022년 1월 11일 수원 공군기지 인근에서 발생한 비극적 사고와 해당 사고로 순직하신 대한민국 공군의 심 소령님과 관련하여 진심 어린 애도와 조의의 뜻을 전합니다.

이번 사고와 같은 비극들은 군사 비행에는 위험이 따르지 않을 수 없다는 현실을 상기시켜 줍니다. 심 소령님의 유가족분들 및 친구, 동료분들께도 호주 왕립공군의 애도와 조의의 뜻을 전달해 주시길 부탁드립니다.

조종사들은 친밀한 공동체의 한 부분을 형성하고 있습니다. 호주 왕립공군은 대한민국 공군 가족들을 위해 기도드릴 것이며, 이 힘든 시기를 잘 이겨내실 수 있기를 소망합니다. 호주 왕립공군은 대한민국 공군과 함께 해당 비극으로 인한 상실감을 깊이 통감하고 있습니다. 저희가 도와드릴 수 있는 게 있다면 알려주십시오.

존경을 담아,
호주 왕립공군 참모총장 중장 M. 헙펠드

M. Huffeld.

대한민국 공군 F-5 조종사 한 명이 순직한 지난 1월 11일 수원 공군기지 인근에서 발생한 소식을 전해 듣게 되어 매우 애석하게 생각합니다. 이번 사고는 우리 양국 공군이 국내와 작전 지역에서 자국과 자국의 전략적 이익을 보호하기 위해 감당해야 하는 위험을 다시 한번 상기시켜 줍니다.

고 심정민 소령님의 유족에게 진심으로 애도를 마음을 표하는 바입니다. 비극적 상황 속에서 다시 한번 전 프랑스 항공우주군의 애도의 뜻을 전하며, 삼가 고인의 명복을 빕니다.

프랑스 항공우주군 참모총장 대장 스테판 밀

이탈리아 공군을 대표하여 2022년 1월 11일 비극적 사고로 순직하신 대한민국 공군 심정민 소령님께 애도와 조의의 뜻을 전합니다.

이 어려운 시기를 잘 이겨내실 수 있기를 바라는 마음을 담아 저와 이탈리아 공군의 진심 어린 조의의 뜻을 전하며, 특히, 심 소령님의 유족분들, 친구분들 및 대한민국 공군 전 장병분들께도 이 기회를 빌어 애도의 뜻을 전합니다.

이탈리아 공군 참모총장 중장 루카 고레티

중화민국 공군을 대표하여 대한민국 공군의 심정민 소령님이
F-5 사고로 순직하게 되었다는 가슴 아픈 소식 또한 듣게
되었습니다. 깊은 애도의 뜻을 전해드리며, 중화민국 공군은
대한민국 공군 전 장병과 이 크나큰 아픔을 함께합니다.

　　심 소령의 전투기가 위기에 직면했을 때, 심 소령은 공공의
이익을 생각하며 마지막까지 탈출 결정을 하지 않고 본인의
목숨을 희생하였습니다. 그는 그의 명예로운 행동과 국민과
국가에 대한 충성심을 통해 모든 공군인이 갖추어야 할 뛰어난
용기와 이타심을 보여주었습니다. 심 소령은 양국 공군에게
모범이 되었으며, 오랫동안 기억될 것입니다.

　　다시 한번 총장님의 서신과 이 애도의 시기에 보내주신
따뜻한 말씀에 감사드리며, 하늘을 지키기 위해 임무에 충실히
임한 훌륭한 공군인을 떠나보내는 것에 말로 설명할 수 없는
슬픔을 느낍니다. 용감한 영혼에 깊은 경의를 표하며, 유가족과
대한민국 공군 전 장병들에게 애도의 뜻과 기도를 드립니다.

　　중화민국 공군 사령관 대장 슝허우지

熊厚基

카르페 디엠—
생도 심정민의 수양록

스무 살, 사관학교에 처음 입교한 심정민의
생생한 목소리와 고민.

가입교 첫날. 오늘은 내 모든 것과 이별한 날이 아닌가 싶다.
부모님과 가족, 친구들. 스마트폰과도 이별한 날이라 그런지
낯설기도 하다. 사실은 너무 슬프다. 평소에는 내가 하고 싶던
것들은 대부분 허락되었지만 여기서는 내 시선조차 자유롭지
못하다. 불과 몇 시간 전에는 정말 편했는데…아 힘들다.
첫날인데 벌써 나가고 싶다. 그래도 버텨야 하지 않을까…
나는 오기 전에 하나님께 기도를 하며 다짐을 했다. 준비된 사람.
하나님께 영광 돌리는 사람이 되기로. 그렇게 생각해야 덜 힘들
것 같다.

　　다음 주부터 본격적인 훈련이 시작된다고 한다. 정신없이
바빴으면 좋겠다. 친구랑 잠시 이별을 하니 너무 힘들다. 빨리
건강한 모습으로 보고 싶다. 또 우리 기도하고 있을 가족들이
보고 싶다. 나도 그들을 위해서 열심히 노력해야겠다. 훌륭한
파일럿이 되기 위해 내딛는 첫날…너무 힘들다. 생각하면 할수록
최○○은 독한 것 같다. 지독한 녀석…아! 친구 ○○인 해사에서
가입교하고 있다. 무지무지 힘들 것이다. 하루하루 열심히
살아서 멋있게 다시 만나겠다.

　　사랑합니다. 아버지, 어머니, 큰 누나, 작은누나, 나의
친구들.

　　용의단정(容儀端正)하라.
　　외적 모습을 사관생도처럼 바르게 하라는 거 같다.
　　청렴결백(淸廉潔白)
　　속임 없이 살아야 한다는 거 같다.

2012년 1월 14일 토요일

잠자리가 불편해서 그런지 잠을 잘 못 잤다. 그래도 정신없이 하루가 지났다. 징징대지 않고 보내려고 노력했다. 그리울 뿐이다. 내가 허세처럼 외우고 다닌 말이 기억난다. 사람은 믿음이 있어야 한다고. 맞다. 믿었고 믿을 것이다. 사실 마음이 편해지기도 했다. 어제보다 오늘이 더 정신적으로 덜 괴로운 것 같다.

2012년 1월 15일 일요일

아침 사이렌 소리에 잠이 깼다. 늦게 잠에 든 것도 아닌데 왠지 피곤했다. 오늘은 기초학력 평가를 쳤다. 아침부터 피곤한데 정신없었다. 첫 시간은 수학 시험이었다. 너무 쉬운 내용인 것 같은데 막혀서 당황했다. 그래도 문과 내용은 다 풀었다. 두 번째 시간은 토익이었다. 듣기가 너무 어려워서 많이 틀린 것 같다. 역시 공부를 손에서 놓으면 안 되겠다는 생각이 들었다. 리딩부분은 끝까지 풀지 못했다. 사실 마음만 먹으면 다 풀 수 있었지만 마음가짐이 불량해서 다 하지 못했다. 아무튼 시험 후 밥을 먹었다. 셋째 날인지 밥을 먹기는 편해졌지만 그래도 너무 급하다. 그 후 사진을 찍었다. 지금은 머리가 짧고 키가 작아서 티가 나지 않지만 나름 괜찮은 남자다. 흐흐…

오해할 일이 하나 생겼다면 여자들 사이에 사진 찍은 거? 그거 키가 작아서 그런 건데 괜히 오해 안 했으면 좋겠다. 내일 입과식이래ㅠㅠ 내일부터 수직으로 걷고 밥 먹고 시작입니다.

점점 말투도 이상해진다. 빨리 편지가 오기를 바래.

2012년 1월 16일 월요일

4일째 입과식을 한 날. 드디어 시작했다. 수직 세상과의 만남.
새벽 일찍 일어나 입과식을 하러 갔다. 생도님들이 길에 마중
나오셔서 격려의 박수를 보내주셨다. 몹시 긴장돼서 옆을
보고 싶지도 않았다. 중대장님? 아무튼 그분은 정말 최고인 것
같습니다. 좋은 게 좋은 거일 수도 있는 것 같다. 입과식에서
자칫하다가 무릎 부러질 것 같았다. 입과식 후 직각 보행, 수직
식사를 하는데 엄청 힘들었다. 걸음걸이는 손과 발이 냅킨에는
국물이…또 도수체조를 배우는데 너무 힘들었다.
       도수체조는 군인들이 하는 체조라 박력 있고 정확해야
한다. 정말 열심히 했는데 갈수록 졸음과 피곤이 몰려왔다. 이제
일주일의 시작이라는 게 너무 고통스러운 상황이다.
아, 큰 걸음도 했다. 팔을 열심히 휘저어서 팔이 빠질 것 같다.
이것도 적응해야겠지…날 믿고 응원해 줄 사람들의 기대에
어깨가 무겁다.
       장교가 되기는 정말 힘든 것 같다. 이게 정말 나의 길일까.
조금 의심이 된다. 내가 원한다고 해서 다할 수는 없으니까…
또 오늘 점호를 했다. 시간이 없어서 준비를 정말 못했다. 다행히
지도 생도들이 이해해 주셔서 잘 넘어갔다. 차렷 외치느라 목이
쉬고 '예, 심정민 메추리!'를 외치느라 또 쉬었다. 너무 힘들다.
자꾸 홍○○ 생도님이 '자신을 죽이지 못하는 고통은 자신을
강하게 할 부분이라'고 하시는데…내 생명은 점점 빛을 잃어.

2012년 1월 17일 화요일

5일째. 기본 군사 훈련한 날. 처음으로 아빠 다리로 한 시간 넘게

있었던 날. 결국 버티지 못하고 일어섰다. 조금 더 버티고 있으면 좋겠지만. 좋았었겠지만 의지가 부족했다. 또 오늘 여태껏 받지 않은 지적을 한 몸에 받은 것 같다. 또 번호 붙이기 때문에 목이 쉬었다. 목이 트이기 전이라 (트인다는 건 뭐지) 아무튼 목이 많이 잠긴 상태이다.

아…하루가 참 길다. 오늘 직각 박력 30회. 정신 통일 10회. 연속으로 했다. 음료수도 못 먹었다. 도수체조는 어느덧 기억에 자리를 잡아가는 듯하다.

지금은 무지 슬픈 상황이다. 아버지의 편지를 두 통이나 받았다. 큰누나에게도 왔다. 보자마자 쪽팔리게 울어버렸다. 아…빨리 시간 날 때마다 편지를 써야겠다. 뭐 하고 있는지… 답답한 것.

보고 싶은 사람들, 감사하고 싶은 사람들이 많다. 그들과 같이 훈련받고 극복해 나간다는 생각으로 해야겠다. 힘들어도 버티자! 010-0000-0000 생도님이 번호 적어두면 오래간다고 했습니다. 그래서 적는데 편지 좀 해라 멍청아.

내일도 어떻게든 지나가겠지? 사랑합니다. 가족님들.

2012년 1월 18일 수요일

6일째. 완전 힘든 날. 오늘 방독면 훈련을 한 날. 공군 선배님이신 송○○ 박사님이 오셔서 정신 교육을 했다. 진짜 감동받아서 눈물이 흐를 뻔했다. 나의 선택이 올바르다는 걸 증명해 주신 거 같다. 성공하는 길. 아! 가장 중요한 5가지. 1. 합리적인 사고와 행동 2. 인내심. 3. 지성을 다하는 노력. 4 건강한 체력과 정신… 5번째는 모르겠다. 아무튼 그랬다. 오늘 일기는 강의 내용이 주를 이룰 거 같았는데 아니다. 어김없이 괴롭고 많은 일들이

있었다. 기초군사훈련은 많이 힘들지 않았다. 실수하지 않으려고
노력하고 있다. 문제는 점호시간. 생도님들이 앞으로 우리를
얼마나 괴롭힐지 모르겠다.
　　괴롭히기보다는 훈련^_^. 몸이 부쩍 건강해진 거 같다.
근육은 생겨나는데 힘은 없다. 괴롭다. ㅋㅋ. 빨리 편지 쓰고
싶은데 격려글이라도 받으면 좋겠다. 아무튼 점호시간에
어김없이 혼나고 깨지고 그랬다.

2012년 1월 19일 목요일

7일째. 훈련은 괜찮은데. 점호가 문제다. 총 받은 날(952-766).
　　악 오늘은 기본 제식훈련을 했다. 훈련은 별로 힘들지
않았다. 정○○ 지도 생도님께. 칭찬을 받아서 기분이 좋았다.
그래서 생활실 들어가기 전까지 기분이 좋았다. 총을 지급받은
날 총을 어이없게 두 번 뺏겼다. 첫 번째는 1중대 생도님이 진짜
비겁하게. 사실은 세 번이다. 정○○ 생도님이 뺏었다 주셨다.
멋쟁이. 두 번째는, 내가 옆에총 자세를 하고 있는데 1중대
생도님이 뺏어가셨다.

2012년 1월 20일 금요일

8일째. 아침에 군법교육을 했는데 그새 정신 상태가 해이해
졌는지 졸아버렸다. 강의하시는 분의 말투가 졸렸다고는 하지
말자. 나날이 공사 생도에 대한 존경과 경애심이 높아지고 있다.
잘 적응해 가고 있는 거 같다. 밥도 맛있어서 잘 먹고 점점 먹는
양도 늘어났다.

아! 오늘은 나를 갈구시는 군수보급관 생도님께서 우유를 주셨다. 맨 처음에 누가 주셨다길래. 대성방력으로 허공에 감사합니다. 했다가. 얼굴 보고 인사하라 하셔서 돌아보다가 깜짝 놀랬다…나의 가입교 생활이 조금씩 복잡해지고 있다. 어젯밤엔 누군지 모르는 생도님이 오셔서 겁을 주셨다. 방금 오셨다 가셨다. 무서워 죽겠다.

팔굽혀퍼기를 연습해야겠다. 오늘 처음엔 8개에서, 4개, 3개…1개에서 못 올라오는 그런 일이 생겼다. 내가 좋아하는 정○○ 생도님이 실망하지 않을까 생각이 된다. 나날이 무서운 일이 생겨가고 있다.

직위 이양식을 봤다. 큰 걸음의 간지란…

메시지를 받았다. 큰누나도 너무 고맙고 ○○님에게도 감사하다. 내일은 주말. 드디어 조금의 여유를 찾을 것 같다. 화이팅

성심복종(誠心服從)하라.
마음을 다해 복종! (따라라)
침착과감(沈着果敢)하라
침착하고 과감해져라!
생활 점검 준비에 적용.

2012년 1월 21일 토요일

지금은 토요일 오전이다. 이렇게 여유 있는 것도 오랫만이다. 진짜 너무 좋다. 아! 우리 방 동기는 서○○, 조△△ 예비생도다. 다 착하고 성격도 좋다. 둘 다 키가 크다. ○○이는 인천에서 살다가 서울에서 경기 외고를 다녔고 △△이는 거제도에서 왔다.

나는 대구. 허허 앞에 남아있는 주말 생각에 너무 즐겁다.

　　방금 사진을 찍었다. '국군 도수체조 중'이란 글자를 종이에
써서 몸에 붙였다. 잘 지내고 있다고 부모님이 생각하시면 좋겠다.

　　동정복을 입었다. 입교식 할 생각을 하니 마음이 설레었다.
옷이 조금 어색하고 구두도 좀 이상했다. 스무 살. 나의 스무 살은
없는 건가…모르겠다. 아 오늘같이 평온한 날이 계속되면…좋을
수도 있지만 또 이런 생활에 감사할 수 있는 기회가 없지 않을까…

　　오늘 피구를 했다. 별 활약이 없었지만 나름 즐겁고 상도
받았다. (생활 점검 1회 면제) 또 깨끗하게 잘 씻고 밥도 잘 먹었다.
또 점호시간에 설날이라고 떡과 식혜도 먹었다. 진짜 맛있었다. ㅠㅠ
떡을 그토록 맛있게 먹은 적도 없는데…

　　아 또 모르는 뉴페이스 생도님이 오셨다 가셨다. 얼굴을
기억해 두라고 하셨다. 어떻게 받아들여야 하지…스스로 그렇게
행동하는 게 멋있다고 생각하는 건가…이유 좀 설명해 주면 좋겠다.
솔직히 복잡하다. 군수보급관 생도는 진짜 짱 무섭게 생겼다.
우유는 고맙지만 ㅠㅠ 주말에 푹 쉬자.

　　신의일관(信義一貫)하라. 모든 일에 마음을 다해라.
　　공평무사(公平無似)하라. 사적인 마음 없이 공정하라.

2012년 1월 22일 일요일

10일째 천국과 지옥을 왔다 갔다 한 날. 점호 전까지 오늘은 천국.
아니…군수보급관을 만난 뒤부터. 지옥.

　　극과 극을 왔다 갔다 하니까 정신이 없다. 지금도 손이 떨린다.
팔굽혀펴기를 열심히 한 날 노○○ 생도님께서 정신력을 길러
주셨다. 진짜 이렇게 몸을 혹사한 날은 처음이다. 지금도 계속 쪼고

있다. 미친ㅋㅋ 어이없다. 가입교가 이렇게 힘들지 몰랐다. 몸은
진짜 건강해질 것 같다. 건강이 맞으려나. 근육은 눈물 흘리고
있을 거 같다.

쪽팔리게 못 하겠다는 말을 했다. 두 번 다시 그럴 일
없다. 최선을 다해 누를 예정이다. 노력해서 체력으로 날 괴롭힌
녀석들을 이길 거다. 악바리가 먼지 보여줄 거다. 내 독기를
누구도 꺾을 수 없게 만들겠다. 진심 생도보다 악마가 되겠다.
독기를 품은 메추리를 보여줄 거다. 입교식이 빨리 왔으면
좋겠다. 진짜 힘들다. 하지만 김○○ 생도님의 말은 논리적이다.
비합리적인 거든 합리적인 거든 다 받아들일 거다. 화이팅.

2012년 1월 23일 월요일

11일째 진짜 평화의 날. 오늘은 진짜 평화로웠고 별다른 지적과
고문이 없었다. 이런 하루가 너무 부담스러울 뿐이다. 오늘 몸은
별로 좋지 않다. 목소리는 거의 안 나오고 팔 환자가 다 됐다.
오늘 첫 일과는 차례였다. 아침 일찍 일어나 차례를 드리러 갔다.
부모님께서 보실 영상도 찍었다. 아…부모님 보고 싶다. 다음
밥을 먹고 영화를 봤다. 탑건이라는 영화였는데 계속 뒤척였다.
그다음 돼지 싸움을 했는데 역시나 4중대를 이겼다. 4중대는
명절에도 지다니…불쌍하다. 아무튼 상으로 지적 안 받는 상을
받았다.

또 복속을 했는데 진짜 평화 그 자체였다. 오늘 점호는
진짜 푸른 들판 비둘기가 날아다니는 분위기…화이팅.

오늘 몸이 별로 안 좋다. 방금 책상 여닫이 서랍에
박았다…아…멍충이. 격려글을 받았다. 굉장히 기분이 좋다.

원컨대 주께서 나에게 복에 복을 더하사.
나의 지경을 넓히시고 주의 손으로 나를 도우사
나로 환난을 벗어나 근심이 없게 하옵소서(1/23)

신상필벌(信賞必罰)하라. 잘하면 상을 주고 못하면 벌을
줘라. 책임과 그에 대한 대가와 보답.
솔선수범(率先垂範)하라. 먼저 나서서 모범을 보여라!

2012년 1월 24일 화요일

12일째. 오○○ 생도와 또 만난 날(팔각 지적 받음, 말 수, 변명 줄이기).
오늘은 휴일의 마지막으로 조금 평화로웠다. 안중근 의사와
관련된 영화를 보았다. 또 감상문을 썼는데 사실 영화가 너무
지겨워서 대충 적으려고 했다. 다행히 김○○ 생도님이 가입교를
하면서의 마음가짐 변화나 그런걸 적어보라 하셨다. 그래서
다 적고 밥을 먹었다.
　　5, 6교시 때는 1주 차 사진을 보았다. 단체 사진 전부 눈을
감고 있었다. 바보ㅋㅋ…오늘 대대장 생도 주관 점호를 했다.
역시나 군수보급관 생도가 들어오셨다. 또 벌벌 떨었다. 나에게
말을 줄이라고 하셨다. 가입교가 힘들어지겠다면서(피곤해진다고
했나?) 아무튼 좀 걱정이다. 몹시나 스트레스 받을 거 같다.
잘 버티자!
　　내일부터 훈련이 다시 시작된다. 힘들어도 잘 견디자.
아버지와 어머니가 기대하고 계신 만큼 잘 극복하자! 내 의지가
안 되면 나에게 기대하는 사람들의 의지. 무엇보다 하나님의
능력 안에서 해결될 것이다. 하나님께 기도하자! 하나님,
군수보급관 생도를, 또 저를 변화시켜 주세요. 기도하면서

극복하고 견디겠습니다. 부족하고 작은 저를 군수보급관
생도로부터 구원해 주세요. 예수님 이름으로 기도드립니다.
아멘.

> 주품에 품으소서. 능력의 팔로 덮으소서.
> 거친 파도 날 향해 와도
> 주와 함께 날아오르리.
> 폭풍 가운데 나의 영혼
> 담담하게 주를 보리라! (1/24)

> 책임완수(責任完遂)하라. 맡은 바 책임을 다하라! 1번의
> 역할을 다하겠다.
> 침착과감(沈着果敢)하라! 어떤 상황에서도 냉정하고
> 대범해져야겠다.

2012년 1월 25일 수요일

13일째. 진정한 가입교의 시작? 소총 사격 연습 시작. 휴일의 끝.
드디어 훈련이 다시 시작됐다. 몸이 엄청 힘들지만 진짜.
그 순간만 지나면…견딜 만하게 됐다(생각됐다). 진짜 가입교 식이
순간의 고통이겠지. 그랬으면 좋겠다. 내가 체력적으로 부족함이
없다고 생각이 됐다. 다행이다. 생도가 되어 견디지 못하면
어떻할까 생각이 됐는데 진짜 잘 적응하고 있는 건지…
　'그것도 한순간 지나갈 것이니'하는 아버지의 말씀. 진짜
아버진 현명하신 것 같다. 아버지…진짜 고맙고 미안합니다.
저를 믿어주셔서 너무나 감사하고 제가 딴생각해서 너무
죄송합니다. 아버지. 다시 한번 굳게 다짐하겠습니다. 정신

바짝 차리고. 모든 일에 최선을 다하겠습니다. 진짜 존경합니다.
카르페 디엠!

용의단정(容儀端正)하라.
용은 용모와 신체이며, 의는 복장과 행동이다. 생도는
항상 깨끗하고 단정한 용모와 복장을 갖추어야 한다.
단정은 단아하고 정대함이다.

2012년 1월 26일 목요일

14일째. 훈련보다 점호가 더 무섭다. 와…진짜 힘들다…라는
말밖에는 안 나온다. 밥 먹고 텐트에서 대기하는 게, 큰 걸음
앞에 총이 차라리 편하다. 내일도 똑같이 힘들겠지. ㅋㅋ 아
미쳤다. 진짜 사람 잡을 거 같다. 점점 우리 중대에서 나가는
사람이 생기고 있다. 차라리 그냥 군대 가는 게 훨씬 편할 듯…
　　가입교가 삼 주정도 남았다. 예전에는 어떻게든
지나가겠지 하는 안일한 생각을 한 것 같다. 이제는 좀 다른데,
내 의지가 아니면 극복하지 못한다. 주둥이는 몹시 가볍다.
육체적인 고통에 가볍게 밀린다. 정신력이란 무엇일까? 두려움을
극복하는 힘? 모르겠다.
　　오늘 사격… 난 잘할 줄 알았다. 그런데 눈이 안 좋았으니.
안경을 맞춰야 하는데. 하… 배고프고 힘들고 머리 아프다.
너무 힘들어서 내가 아픈 것도 잊어버린다. ㅠㅠ 목이 아팠는데
나았다. 무슨 말도 안 되는 일이지… 여기서 하지 말라는 건 절대
안 해야겠다. '절대'라는 말 안 좋아하는데… 너무 힘드니까.
　　아빠! 이것 또한 지나가리다! 카르페 디엠.

고(故) 심정민 소령은 그날 평상시와 같은 훈련을 위해 KF-5E
비행기에 탑승하였습니다. 그런데 비행기가 이륙하자마자
심각한 고장이 났다는 사실을 깨달았습니다. 짧은 순간순간들이
파란빛을 그으며 그의 머릿속을 지나갔습니다. 그는 단호하게
결심했습니다. 비행기의 기체가 인근 민가에 추락하며 충돌하는
것을 막으려고 탈출의 기회를 포기하였습니다. 당길 수 있는
비상탈출 레버를 당기지 않았습니다. 오직 혼신의 힘을 다하여
조종간을 붙잡고 거친 숨을 헐떡이며 기수를 돌렸습니다. 10초가
조금 넘는 시간이었으나 어쩌면 영원처럼 긴 시간이었습니다.
덕택에 비행기는 민가를 피해 야산에 추락할 수 있었으나
그의 푸른 청춘은 장렬하게 산화했습니다. 그는 평소에도
친한 친구들에게 그런 일이 발생하면 자신은 기꺼이 그 길을
택하겠노라고 말해왔습니다.

    고 심 소령과 관련된 모임에 온 그의 친구들은 하염없이
눈물을 흘립니다. 슬픔이 목에 차올라 말을 잘 잇지 못합니다.
친구들이 한결같이 기억하는 그의 모습은, 늘 따뜻하고 명랑하며
주위 사람들에게 아낌없는 배려를 베풀어주는 성실하고 착한
청년이었습니다. 고통스러운 일을 당한 친구를 위해 기꺼이
밤새도록 그의 말을 들어주며 위로하던 그였습니다. 누구든
그의 옆에만 서면 왠지 편안하고 즐거운 마음을 가지게 하는
힘을 가졌습니다. 구김살 하나 찾을 수 없이 밝고 그윽한
향기를 풍기던 얼굴은 바로 그의 표상이었습니다. 한마디 말로,
다른 사람의 기억 속에 살아있는 그는 '빛의 덩어리'였습니다.
그렇게 해서 그의 친구들은, 세상 사람들 어느 누구든 살면서
불행을 겪더라도 그에게만은 모든 불행이 스스로 비껴갈 줄로
알았습니다. 그런 그에게 어떻게 이 엄청난, 돌이킬 수 없는

비극이 일어났을까 하는 막막함에 오직 슬퍼할 따름이었습니다.

그러나 우리가 흘리는 눈물은 또 다른 의미가 있습니다. 그가 그 희생을 통하여 이루려고 했던 숭고한 '보국위민(報國爲民)'의 정신을 우리 마음 한 가운데 새기며, 앞으로 조금이나마 이를 계승하겠다는 결연한 의지를 밝히는 것이기도 합니다. 그는 하늘로 올라가 별로 반짝이며 우리의 삶에 뚜렷한 방향을 제시하고 있습니다. 우리는 그 길을 따르고 있습니다.

조금씩 고 심 소령의 이야기가 세상으로 퍼져나갔습니다. 많은 분들이 그를 기리는 데 동참해 주었습니다. 이제 그런 애틋한 정성들이 모인 첫 결실로 이 책의 출간이 이루어졌습니다. 기쁜 출간을 위해 힘을 모아주신 모든 분들의 성의에 깊이 감사드립니다. 우리는 이를 바탕으로 하여 이제 본격적인 추모사업을 진행해 나갈 예정입니다. 그것은 환한 '빛의 덩어리'였던 고 심정민 소령이 다시금 우리 사회에 찬란한 빛을 뿌려 나가는 작업이기도 할 것입니다. 그 거룩한 빛을 받으며 우리는 틀림없이 지금보다 훨씬 더 밝고 나은 사회를 꾸려나갈 자신을 갖게 될 것입니다.

앞으로도 고 심정민 소령이 지녔던 뜻을 함께 이어나가기를, 그리고 계속 변함없는 성원을 보내주시기를 바랍니다. 감사합니다.

2024년 12월

(사)심정민추모사업회 이사장
신평

심정민

대한민국의 공군 장교로, 1993년 대구광역시
수성구에서 태어났다. 2012년 능인고등학교를
졸업하고 공군사관학교 64기로 입교하였다.
이후 2016년 졸업과 동시에 공군 소위로
임관하였으며, 제10전투비행단 소속 F-5의
전투조종사로 복무하였다. 2022년 1월11일 훈련
중 전투기의 조종 계통 결함이 발생하였으나,
민가의 피해를 막기 위해 끝까지 탈출하지 않고
순직하였다. 순직 후, 1계급 특진되어 소령으로
추서되었다.

별이 된 보라매

초판 1쇄 발행 2024년 12월 28일
초판 2쇄 발행 2025년 3월 26일

펴낸곳   심정민추모사업회
펴낸이   심은정
기획   보스토크 프레스
편집   김현호
디자인   최홍주
사진   김규식
취재 도움   공군사관학교

출판등록   2024년 2월 5일 제2024-000009호
주소   대구광역시 수성구 지산로 14길 83
홈페이지   www.shimmemorial.co.kr
전화   070-8877-9322
이메일   sjm930202@naver.com

ISBN   979-11-990505-0-1(03390)

값 15,000원